高等院校数字艺术设计系列教材

U0168508

CorelDRAW X8
平面 设计与制作教程

曹天佑 沈桂军 卜彦波 编著

清华大学出版社
北　京

内 容 简 介

本书以由浅入深的方式详细介绍CorelDRAW X8的各项知识点，内容以理论结合上机实战和综合实例的方式进行讲解。CorelDRAW X8是用于印刷、多媒体制作及联机制图的应用程序。无论是平面设计人员，还是印刷出版或多媒体制作图形的设计者，都可以使用CorelDRAW X8来绘制专业品质的作品。在其中既可以处理矢量图形，也可以处理位图。

本书共分11章，第1~10章为基础知识部分，包括学习CorelDRAW应该掌握的基本知识，几何图形的绘制工具，各种线的绘制工具，对象的基本操作、编辑与管理，图形与对象的编修，艺术画笔与度量连接，填充与轮廓，创建对象特殊效果，位图操作及滤镜应用，文本与表格操作，第11章为综合实例。

本书既可以作为初学者从零开始的自学手册，也适合平面设计培训机构作为教材，或各类院校相关专业学生学习。

图书在版编目(CIP)数据

CorelDRAW X8平面设计与制作教程 / 曹天佑，沈桂军，卜彦波编著. —北京：清华大学出版社，2021.1
高等院校数字艺术设计系列教材
ISBN 978-7-302-56492-8

Ⅰ.①C…　Ⅱ.①曹…②沈…③卜…　Ⅲ.①平面设计—图形软件—高等学校—教材　Ⅳ.①TP391.412

中国版本图书馆CIP数据核字(2020)第182843号

责任编辑：李　磊
封面设计：杨　曦
版式设计：孔祥峰
责任校对：成凤进
责任印制：宋　林

出版发行：清华大学出版社
　　　　　网　　　址：http://www.tup.com.cn，http://www.wqbook.com
　　　　　地　　　址：北京清华大学学研大厦A座　　　　邮　　编：100084
　　　　　社　总　机：010-62770175　　　　　　　　　邮　　购：010-62786544
　　　　　投稿与读者服务：010-62776969，c-service@tup.tsinghua.edu.cn
　　　　　质　量　反　馈：010-62772015，zhiliang@tup.tsinghua.edu.cn
印　装　者：三河市铭诚印务有限公司
经　　　销：全国新华书店
开　　　本：185mm×260mm　　　印　　张：16　　　字　　数：440千字
版　　　次：2021年1月第1版　　　印　　次：2021年1月第1次印刷
定　　　价：79.00元

产品编号：083201-01

CorelDRAW X8 | 前　言

　　首先十分感谢您翻开这本书，只要您认真读下去会感觉很不错。相信我们会把您带入CorelDRAW X8的奇妙世界。

　　CorelDRAW X8是用于图形绘制、图像处理、印刷和联机制图的应用程序，既可以处理矢量图形，也可以处理位图。无论是平面设计人员，还是印刷出版或多媒体图形的设计者，都可以使用CorelDRAW X8来设计专业品质的作品。

　　或许您曾经为寻找一本技术全面、案例丰富的计算机图书而苦恼，或许您正在为了购买一本入门教材而仔细挑选，或许您因为担心自己是否能做出书中的案例效果而犹豫，或许您正在为自己进步太慢而缺乏信心……

　　现在，就向您推荐一本优秀的平面设计实训学习用书——《CorelDRAW X8 平面设计与制作教程》。本书采用理论结合上机实战的方式编写，兼具实战技巧和应用理论参考教程的特点，全面介绍了几何图形和各种线的绘制、对象的编辑与管理、图形与对象的编修、颜色的应用、对象特殊效果和滤镜效果的应用、文字与表格的使用等内容。配套的视频教程可以让大家在看电影的轻松状态下学习实例的具体制作过程，结合源文件和素材更能快速地提高技术水平，成为使用CorelDRAW X8软件的高手。

　　本书作者有着多年的丰富教学经验与实际工作经验，在编写本书时希望能够将自己实际授课和作品设计制作过程中积累下来的宝贵经验与技巧展现给读者。希望读者能够在体会CorelDRAW X8软件强大功能的同时，把各个主要功能的使用和创意设计应用到自己的作品中。

本书特点

　　本书内容由浅入深，每章的内容都丰富多彩，运用大量的实例涵盖CorelDRAW X8中全部的知识点，具有以下特点。

★　内容全面，几乎涵盖了CorelDRAW X8中的所有知识点。本书从平面设计的一般流程入手，逐步引导读者学习软件和设计作品的各种技能。

★　语言通俗易懂，前后呼应，以较小的篇幅、浅显易懂的语言来讲解每一项功能、每一个上机实战和综合实例，让读者学习起来更加轻松，阅读更加容易。

★　书中为许多重要的工具和命令都精心制作了上机实战案例，让读者在不知不觉中学习专业应用案例的制作方法和流程，还设计了许多技巧和提示，恰到好处地对读者进行点拨。积累到一定程度后，读者就可以自己动手，自由发挥，制作出令人满意的效果。

★　注重技巧的归纳和总结，使读者更容易理解和掌握，从而方便知识点的记忆，进而能够举一反三。

★ 多媒体视频教学，学习轻松方便，使读者像看电影一样记住其中的知识点。本书配有所有上机
  实战和综合实例的教学视频、源文件、素材文件、PPT课件等资源，让读者学习起来更加得
  心应手。

本书章节安排

本书以由浅入深的方式介绍CorelDRAW X8的各种实用方法和技巧，共分11章，内容包括学
习CorelDRAW应该掌握的基本知识、几何图形的绘制工具、各种线的绘制工具、对象的编辑与管
理、图形与对象的编修、艺术画笔与度量连接、填充与轮廓、创建对象特殊效果、位图操作及滤镜
应用、文本与表格操作和综合实例。

本书读者对象

本书主要面向初、中级读者。对于软件每个功能的讲解都从必备的基础操作开始，以前没有接
触过CorelDRAW X8的读者无须参照其他书籍即可轻松入门，接触过CorelDRAW X8的读者同样
可以从中快速了解该软件的各种功能和知识点，自如地踏上新的台阶。

本书由曹天佑、沈桂军和卜彦波编著，在成书的过程中，王红蕾、陆沁、王蕾、吴国新、时
延辉、戴时影、刘绍婕、张叔阳、尚彤、葛久平、孙倩、殷晓峰、谷鹏、胡渤、刘冬美、赵頔、张
猛、齐新、王海鹏、刘爱华、张杰、张凝、王君赫、潘磊、周荥、周莉、金雨、刘智梅、陈美荣、
董涛、刘丹、田秀云、李垚、郎琦、王威、王建红、程德东、杨秀娟、孙一博、佟伟峰、刘琳、孙
洪峰、刘红卫、刘清燕、刘晶等人也参与了部分编写工作。由于作者知识水平所限，书中难免有疏
漏和不足之处，恳请广大读者批评、指正。

本书配套的立体化教学资源中提供了书中所有实例的素材文件、源文件、教学视频、PPT课
件和课后习题答案。读者在学习时可扫描下面的二维码，然后将内容推送到自己的邮箱中，即可下
载获取相应的资源。

编　者

CorelDRAW X8 | 目录

第 9 章　位图操作及滤镜应用

第 10 章　文本与表格操作

第11章　综合实例

第1章

学习CorelDRAW
应该掌握的基本知识

CorelDRAW X8在用户交互方面和人性化设计方面已经达到了一个空前的高度，所以最新的版本比以前的版本能够更好地满足用户的需要。图形设计师和商业用户会发现CorelDRAW X8新改进的特性在他们日复一日的生产中将带来极大的革新。

1.1 初识 CorelDRAW X8

CorelDRAW X8是由加拿大的Corel公司推出的一款功能十分强大的平面设计软件，该软件拥有丰富多彩的内容和非常专业的平面设计能力，是集图形设计、文字编辑、排版于一体的大型矢量图制作软件，也是在平面设计方面比较受欢迎的一款软件。使用CorelDRAW可轻而易举地进行广告设计、产品包装造型设计、封面设计、网页设计和印刷排版等工作，而且可以把制作好的矢量图转换为不同的格式，例如TIF、JPG、PSD、EPS、BMP等进行保存。

1.2 与 CorelDRAW X8 相关的知识

在学习CorelDRAW X8各个功能之前，我们可以先了解一下关于图像基础方面的知识，让读者在整体学习时能够更加方便。

1.2.1 矢量图

所谓矢量图，就是由一些数学方式描述的直线和曲线组成，及由曲线围成的色块组成的面向对象的绘图图像，如Adobe Illustrator等一系列软件产生的图形。它们组成的基本单元是点和路径，路径至少由两个点组成，每个点和点的调节柄可以控制相邻线段的形状和长度，无论使用放大镜放大或缩小多少倍，它的边缘始终是平滑的，尤其适用于企业标志，例如商业信纸、招贴广告等，只需一个较小的电子文件就可以随意放大或缩小，而效果一样清晰。它们的质量高低和分辨率的高低无关，在分辨率高低不同的输出设备上显示的效果没有差别。

矢量图形中的图形元素叫作对象，每个对象都是独立的，具有各自的属性，如颜色、形状、轮廓、大小和位置等。由于矢量图形与分辨率无关，因此无论如何改变图形的大小，都不会影响图形的清晰度和平滑度，如图1-1所示的图形分别为原图放大3倍和放大24倍后的效果。

> **注 意**
>
> 矢量图形进行任意缩放都不会影响分辨率，矢量图形的缺点是不能表现色彩丰富的自然景观与色调丰富的图像。

图1-1　矢量图放大

位图

　　位图图像也叫作点阵图，是由许多不同色彩的像素组成的。与矢量图形相比，位图图像可以更加逼真地表现自然界的景物。此外，位图图像与分辨率有关，当放大位图图像时，位图中的像素增加，图像的线条将会显得参差不齐，这是像素被重新分配到网格中的缘故。此时可以看到构成位图图像的无数个单色块，因此放大位图或在比图像本身的分辨率低的输出设备上显示位图时，则将丢失其中的细节，并会呈现出锯齿，如图1-2所示。

放大4倍后的效果

图1-2　位图放大4倍后的效果

色彩模式

　　CorelDRAW中有多种色彩模式，不同的色彩模式对颜色有着不同的要求，下面就来看一下CorelDRAW中的几种色彩模式。

　　1. RGB色彩模式

　　RGB是一种以三原色(R：红、G：绿、B：蓝)为基础的加光混色系统，RGB色彩模式也称为光源色彩模式，原因是RGB能够产生和太阳光一样的颜色。在CorelDRAW中，RGB颜色使用比较广，一般来说RGB颜色只用在屏幕上，不用在印刷上。

　　用户所使用的电脑显示器用的就是RGB模式，在RGB模式中，每一个像素由25位的数据表示，其中R、G、B 3种原色各用了8位，因此这3种颜色各具有256个亮度级，能表示出256种不同浓度的色调，用0~255的整数来表示。所以3种颜色叠加就能生成1677万种色彩，足以表现出我们身边五彩缤纷的世界。

　　2. CMYK色彩模式

　　CMYK是一种印刷模式，与RGB色彩模式不同的是，RGB是加色法，CMYK是减色法。CMYK的含义为C：青色、M：洋红、Y：黄色、K：黑色。这4种颜色都是以百分比的形式进行描述的，每一种颜色所占的百分比可以从0%到100%，百分比越高，它的颜色就越暗。

CMYK色彩模式是大多数打印机用于打印全色或四色文档的一种方法，CorelDRAW和其他应用程序把四色分解成模板，每种模板对应一种颜色。然后打印机按比率一层叠一层地打印全部色彩，最终得到想要的色彩。

CMYK色彩模式通常用于印刷机、色彩打印校正机、热升华打印机或全色海报打印机的文档。CorelDRAW中所用的调色板色彩就是用CMYK值来定义的。

3. HSB色彩模式

从物理学上讲，一般颜色需具有色相、饱和度和亮度3个要素。色相(Hue)表示颜色的面貌特质，是区别种类的必要名称，如绿色、红色、黄色等；饱和度(Saturation)表示颜色纯度的高低，表明一种颜色中含有白色或黑色成分的多少；亮度(Brightness)表示颜色的明暗强度关系。HSB色彩模式便是基于此种物理关系所定制的色彩标准。

在HSB色彩模式中，如果饱和度为0，那么所表现出的颜色将是灰色；如果亮度为0，那么所表现出的颜色是黑色。

4. HLS色彩模式

HLS色彩模式是HSB色彩模式的扩展，它是由色相(Hue)、亮度(Lightness)和饱和度(Satruation)3个要素所组成的。色相决定颜色的面貌特质；亮度决定颜色光线的强弱度；饱和度表示颜色纯度的高低。在HLS色彩模式中，色相可以设置的色彩范围数值为0~360；亮度可设置的强度范围数值为0~100；饱和度可设置的范围数值为0~100。如果亮度数值为100，那么所表现出的颜色将会是白色；如果亮度数值为0，那么所表现出的颜色将会是黑色。

5. Lab色彩模式

Lab色彩模式常被用于图像或图形的不同色彩模式之间的转换，通过它可以将各种色彩模式在不同系统或平台之间进行转换，因为该色彩模式是独立于设备的色彩模式。L(Lightness)代表光亮度强弱，它的数值范围在0~100；a代表从绿色到红色的光谱变化，数值范围在-128~127；b代表从蓝色到黄色的光谱变化，数值范围在-128~127。

6. 灰度模式

灰度(Grayscale)模式一般只用于灰度和黑白色中。灰度模式中只存在有灰度。也就是说，在灰度模式中只有亮度是唯一能够影响灰度图像的因素。在灰度模式中，每一个像素用8位的数据表示，因此只有256个亮度级，能表示出256种不同浓度的色调。当灰度值为0时，生成的颜色是黑色；当灰度值为255时，生成的颜色是白色。

1.3　CorelDRAW X8 的作用

CorelDRAW是一款功能强大的绘图软件，它具体又能做些什么呢？CorelDRAW可以用来进行矢量图绘制、版面设计、文字处理、图像编辑、网页设计、高质量输出等。

1.3.1　矢量图绘制

CorelDRAW一个最主要的功能就是绘制矢量图形，作为一个专业的矢量图绘制软件，CorelDRAW拥有非常强大的绘图功能，用户可以通过绘图工具绘制出图形，并对它们进行编辑、排列等，最终得到一幅精美的作品，如图1-3所示。

1.3.2 版面设计

　　CorelDRAW可用于设计各类版面，包括平面广告、新闻插图、标识设计、海报招贴等。在进行版面设计时，可以使用辅助线，预设样式和重新组织文字、图像，以达到最适宜的结果，如图1-4所示。

图1-3　使用CorelDRAW绘制的精美矢量图

1.3.3 文字处理

　　CorelDRAW虽说是一款处理矢量图形的软件，但其处理文字的功能也很强大，可以制作出非常漂亮的文字艺术效果。在CorelDRAW中有两种方法输入文字，一种是输入美术文本，一种是输入段落文本，所以CorelDRAW不但能对单个文字进行处理，而且还能对整段文字进行处理，如图1-5所示。

图1-4　使用CorelDRAW设计的版面

图1-5　使用CorelDRAW处理的文字效果

1.3.4 图像编辑

　　CorelDRAW除了可以处理矢量图以外，其处理位图的功能也十分强大。它不但可以直接处理位图，还可以把矢量图转换为位图，也可以把位图转换为矢量图。另外运用CorelDRAW中的滤镜功能，可以把位图处理成各种特殊效果，如图1-6所示。

图1-6　使用CorelDRAW处理的位图

1.3.5 网页设计

网页中使用的效果图通常在位图软件或矢量软件中设计和制作，位图软件当仁不让就是Photoshop，而矢量软件有CorelDRAW和Illustrator等，所以说CorelDRAW在网页设计中发挥着非常重要的作用，如图1-7所示。

图1-7 网页设计

1.3.6 高质量输出

要想将一个奇妙的创意设想变成一幅精美的作品供人欣赏，就要将其进行打印输出，在CorelDRAW中输出文件可以使用多种方式。可以将其转换为其他应用程序支持的图像文件类型，也可以发布到互联网上，使更多人通过网络欣赏该作品；还可以将作品打印到指定的介质上，如纸张、不干胶、透明胶片等。

1.4 CorelDRAW X8 的欢迎界面

在欢迎界面中提供了7个标签选项，每个选项都有不同的功能，如图1-8所示为在标签中显示"立即开始"和"工作区"的子内容。

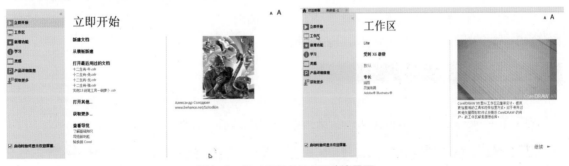

图1-8 CorelDRAW X8 欢迎界面

1.5 CorelDRAW X8 的操作界面

在使用CorelDRAW X8软件进行操作之前，首先应该认识一下CorelDRAW X8的操作界面，如图1-9所示。

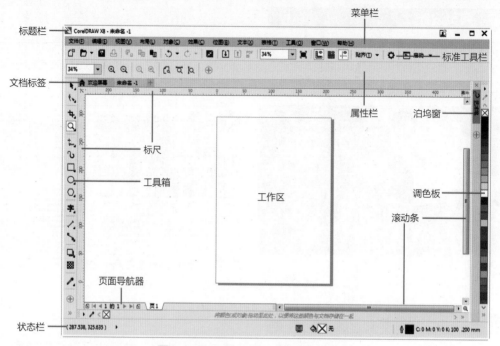

图1-9　CorelDRAW X8的操作界面

1.5.1　标题栏

　　标题栏位于CorelDRAW X8操作界面的最顶端，显示了当前运行程序的名称和打开文件的名称。最左边显示的是软件图标和名称，单击该图标可以打开控制菜单，通过此菜单可以移动、关闭、放大或缩小窗口；右边三个按钮分别为"最小化""最大化/还原""关闭"按钮。

1.5.2　菜单栏

　　在默认情况下，菜单栏位于标题栏的下方，它是由"文件""编辑""视图""布局""对象""效果""位图""文本""表格""工具""窗口""帮助"这12类菜单组成，包含了操作过程中需要的所有命令，单击可弹出下拉菜单。

1.5.3　标准工具栏

　　标准工具栏是由一组图标按钮组成的，在默认情况下，标准工具栏位于菜单栏的下方，其作用就是将菜单中的一些常用命令按钮化，以便于用户快捷地操作，如图1-10所示。

图1-10　标准工具栏

　　其中的各项含义如下。

★　"新建"按钮：新建一个CorelDRAW工作文件。

★　"打开"按钮：单击此按钮会弹出"打开绘图"对话框，让用户选择需要打开的文件。

★　"保存"按钮：将当前操作的CorelDRAW进行保存。

★　"打印"按钮：单击此按钮会弹出"打印"对话框，在该对话框中可以设置打印机的相关参数。

★ ▦ **"剪切"按钮：** 将选中的文件剪切到Windows的剪贴板中。

★ ▦ **"复制"按钮：** "复制"和"粘贴"是相辅相成的一对按钮，单击此按钮可以将选中的对
象进行复制。

★ ▦ **"粘贴"按钮：** 将复制后的对象粘贴到需要的位置。

★ ↺▾ **"撤销"按钮：** 将错误的操作取消，在下拉列表中可以选择要撤销的步骤。

★ ↻▾ **"重做"按钮：** 如取消的步骤过多，可用此按钮进行恢复。

★ ▣ **"搜索内容"：** 使用Corel Connect泊坞窗搜索剪贴画、照片或字体。

★ ⬇ **"导入"按钮：** 将非CorelDRAW格式的文件导入CorelDRAW窗口中。

★ ⬆ **"导出"按钮：** 将CorelDRAW格式的文件导出为非CorelDRAW的格式。

★ ▣ **"发布为PDF"：** 将当前文档转换为PDF格式。

★ 34% ▾ **"缩放级别"：** 通过参数的设置，可以调整CorelDRAW X8页面显示比例的大小。

★ ▣ **"全屏预览"：** 将当前文档进行全屏显示。

★ ▣ **"显示标尺"：** 显示或隐藏文档中的标尺。

★ ▦ **"显示网格"：** 显示或隐藏文档中的网格。

★ ▣ **"显示辅助线"：** 显示或隐藏文档中的辅助线。

★ 贴齐(I)▾ **"贴齐"：** 在此按钮的下拉列表中，可以为在页面中绘制或移动的对象选择贴齐方式，
包括贴齐网格、贴齐辅助线、贴齐对象和贴齐动态辅助线。

★ ⚙ **"选项"：** 单击此按钮会弹出"选项"对话框，从中可以设置相应选项的属性。

★ ▣ 启动 ▾ **"应用程序启动器"：** 单击右侧的下拉按钮，弹出CorelDRAW自带的应用程序。

1.5.4 属性栏 ↗

在默认情况下，属性栏位于标准工具栏的下方。属性栏会根据用户选择的工具和操作状态显示
不同的相关属性，用户可以方便地设置工具或对象的各项属性。如果用户没有选择任何工具，属性
栏将会显示与整个绘图有关的属性，如图1-11所示。

图1-11 属性栏

1.5.5 文档标签 ↗

可以将多个文档以标签的形式进行显示，既方便管理又方便操作。

1.5.6 工具箱 ↗

工具箱是CorelDRAW X8一个很重要的组成部分，位于软件界面的最左边，绘图与编辑工具
都被放置在工具箱中。其中有些工具图标按钮的右下方有一个小黑三角形，表示该按钮下还隐含着
一列同类按钮，如果选择某个工具，用鼠标直接单击即可。

1.5.7 标尺 ↗

在CorelDRAW 中，标尺可以帮助用户确定图形的大小和设定精确的位置。在默认情况下，
标尺显示在操作界面的左方和上方。执行菜单"视图"/"标尺"命令，即可显示或隐藏标尺。

1.5.8 页面导航器

页面导航器位于工作区的左下角，显示了CorelDRAW文件当前的页码和总页码，并且通过单击页面标签或箭头，可以选择需要的页面，特别适用于多文档操作。

1.5.9 状态栏

状态栏位于操作界面的最底部，显示了当前工作状态的相关信息，如被选中对象的简要属性、工具使用状态提示及鼠标坐标位置等信息。

1.5.10 调色板

CorelDRAW X8的调色板位于操作界面的最右侧，是放置各种常用色彩的区域，利用调色板可以快速地为图形和文字添加轮廓色和填充色。用户也可以将调色板浮动在CorelDRAW操作界面的其他位置。

1.5.11 泊坞窗

在通常情况下，泊坞窗位于CorelDRAW操作界面的右侧，泊坞窗的作用就是方便用户查看或修改参数选项，在操作界面中可以把泊坞窗浮动在其他任意位置。

1.6 CorelDRAW X8 的基本操作

用户在使用CorelDRAW X8开始工作之前，必须了解如何新建文件、打开文件以及对完成的作品进行储存等操作。

1.6.1 新建文档

新建文档时，可以执行菜单"文件"/"新建"命令或按Ctrl+N键，或单击标准工具栏上的"新建"按钮来建立新文件。执行"新建"命令或单击"新建"按钮都会弹出如图1-12所示的"创建新文档"对话框。

其中的各项含义如下。

★ **"名称"**：用于设置新建文件的名称。

★ **"预设目标"**：用来选择用于本文档的颜色模式。

★ **"添加预设"按钮**：用来将当前预设添加到预设目标中。

★ **"移除预设"按钮**：用来将"预设目标"中的某个预设删除。

★ **"大小"**：在"大小"选项中可以选择已经设置好的文档大小，例如A4、A5、信封等。

★ **"宽度"/"高度"**：新建文档的宽度与高度。单位包括像素、英寸、厘米、毫米、点、派卡、列等。

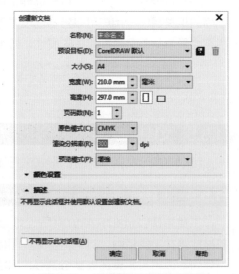

图1-12 "创建新文档"对话框

★ ▢▫ **"横向"/"纵向"按钮**：可以将设置的文档以横幅或竖幅形式新建，也就是将"宽度"和"高度"互换。

★ **"页码数"**：用来设置新建文档的页码数量。

★ **"原色模式"**：将文档在RGB和CMYK色彩模式之间进行选择。

★ **"渲染分辨率"**：用来设置新建文档的分辨率。

★ **"预览模式"**：用来设置文档的显示视图模式，包括简单线框、线框、草稿、正常、增强和像素模式。

★ **"不再显示此对话框"**：勾选此复选框后，之后新建文档就会自动按照默认值进行文档创建。

> **技巧**
>
> 将光标移动到"欢迎界面"的"新建文档"按钮处，光标变为🖑图形时，单击鼠标，系统会弹出"创建新文档"对话框。单击"确定"按钮，会进入CorelDRAW X8的工作界面，系统自动新建一个空白文档。

> **技巧**
>
> 在CorelDRAW X8中还可以通过执行菜单"文件"/"从模板新建"命令，弹出"从模板新建"对话框，在其中选择"类型"或"行业"后，在右边的"模板"中即可通过模板样式选择新建的文档形式，如图1-13所示。
>
>
>
> 图1-13 "从模板新建"对话框

各个参数设置完毕后，直接单击"确定"按钮，系统便会自动新建一个空白文档，如图1-14所示。

1.6.2 打开文档

"打开"命令可以将储存的文件或者可以用于该软件格式的图片在软件中打开。执行菜单"文件"/"打开"命令或按Ctrl+O键，弹出如图1-15所示的"打开绘图"对话框，在对话框中可以选择需要打开的CDR文档素材。

图1-14 新建的空白文档

> **技巧**
>
> 在"打开绘图"对话框中选择文档，在其上双击鼠标，可以直接打开该文档。

图1-15 "打开绘图"对话框

选择文档后，直接单击"打开"按钮，系统便会将刚才选择的文档打开，如图1-16所示。

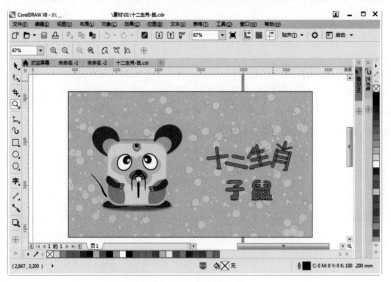

图1-16 打开的文档

> **技 巧**
>
> 高版本的CorelDRAW可以打开低版本的CDR文件，但低版本的CorelDRAW不能打开高版本的CDR文件。解决的方法是在保存文件时选择相应的低版本即可。

> **技 巧**
>
> 安装CorelDRAW软件后，系统自动识别CDR格式的文件，在CDR格式的文件上双击鼠标，无论CorelDRAW软件是否启动，都可用CorelDRAW软件打开该文件。

1.6.3 导入素材

在使用CorelDRAW软件绘图或编辑时，有时需要从外部导入非CDR格式的图片文件，下面将通过实例讲解导入非CDR格式的外部图片的方法，因为在CorelDRAW软件中是不能直接打开位图图像，如JPG格式和TIF格式。具体的导入方法如下。

上机实战 **导入素材**

STEP 1 执行菜单"文件"/"新建"命令，新建一个空白文件。

STEP 2 执行菜单"文件"/"导入"命令或按Ctrl+I键，还可以将鼠标指针移至标准工具栏中的 ↓ "导入"按钮上单击，弹出"导入"对话框，如图1-17所示。

图1-17 "导入"对话框

STEP 3 选择本书附带的"电影海报"素材后，单击"导入"按钮，此时文档中鼠标指针变为如图1-18所示的状态。

STEP 4 移动鼠标指针至合适的位置，按住鼠标左键拖曳，显示一个红色矩形框，在鼠标指针的右下方显示导入图片的宽度和高度，如图1-19所示。

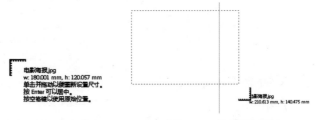

图1-18 导入状态   图1-19 拖动导入图片

技巧

在CorelDRAW中导入图片的方法有3种：(1)单击导入图片，图片将保持原来的大小，单击的位置为图片左上角所在的位置；(2)拖曳鼠标的方法导入图片，根据拖动出矩形框的大小重新设置图片的大小；(3)按键盘上的Enter键导入图片，图片将保持原来的大小且自动与页面居中对齐。

STEP 5 将鼠标指针拖曳至合适的位置，松开鼠标左键，即可导入图片，如图1-20所示。

1.6.4 导出图像

在CorelDRAW中，用户可以将绘制完成的或是打开的矢量图保存为多种图像格式，这就需要用到"导出"命令。具体的导出方法如下。

图1-20 导入的图片

上机实战 **导出图像**

STEP 1 打开本书附带的"十二生肖-鼠"素材，如
图1-21所示。

STEP 2 执行菜单"文件"/"导出"命令，或者单
击标准工具栏上的 🔼 "导出"按钮，此时会弹出
"导出"对话框，在该对话框中选择需要导出的图
像路径，在下方输入文件名，如图1-22所示。

图1-21 打开的文档

图1-22 "导出"对话框

其中的各项含义如下。

★ **"文件名"**：用于设置导出后的文件名称。

★ **"保存类型"**：用来设置导出文件的类型，其中包含各种图片格式，有矢量图，也有位图。

★ **"只是选定的"**：勾选该
复选框后，导出的文档只
是选取的部分，没有选取
的部分不会被导出。

★ **"不显示过滤对话框"**：
勾选该复选框后，不会显
示具体的设置过滤对话
框，会直接将文档导出。

STEP 3 单击"导出"按
钮后，此时弹出"导出到
PNG"对话框，在其中可以
更改图像的大小和分辨率等设
置，如图1-23所示。

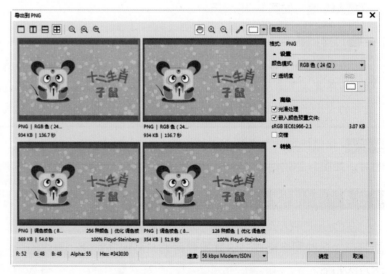

图1-23 "导出到PNG"对话框

STEP 4 单击"确定"按钮，完成导出，如图1-24所示。

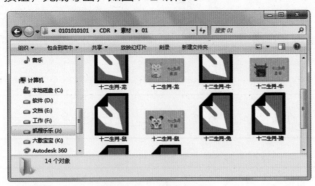

图1-24 导出的位图

1.6.5 导出为

在CorelDRAW X8中，不但能将绘制的矢量文档导出不同的图片格式，还可以将其导出为
不同类型的文档格式，例如可以将当前文档或图片导出为
Office、Web以及HTML 3种，如图1-25所示。

其中的各项含义如下。

图1-25 导出为类型

★ **Office：**将当前编辑文档导出为Microsoft Office文档，
最终可优化为"演示文稿""桌面打印"和"商业印刷"3种。

★ **Web：**将当前编辑的文档或图片导出为应用于网页的格式图片，例如GIF、PNG或JPG。

★ **HTML：**将当前编辑的文档导出为网页，其中包含站点、主页及图像文件夹等。

1.6.6 发送到

在CorelDRAW X8中可以将当前编辑的文档以不同的
工作方式进行发送，其中包含Illustrator、传真收件人、压缩
文件夹、文档、桌面快捷方式、邮件收件人、邮件7种，如
图1-26所示。

其中的各项含义如下。

图1-26 "发送到"命令

★ **Illustrator：**将CorelDRAW文档发送到Illustrator文档。

★ **"传真收件人"：**利用软件将文档传真给接收人。

★ **"压缩文件夹"：**将当前编辑的文档或图片进行ZIP格式的压缩。

★ **"文档"：**将当前编辑的文档或图片以文档形式进行发送。

★ **"桌面快捷方式"：**将编辑的文档以快捷方式图标的方式显示在桌面中。

★ **"邮件收件人"：**将编辑的文档以设置电子邮件接收人后进行发送。

★ **"邮件"：**将编辑的文档在邮件中进行发送。

1.6.7 保存文档

每当用户运用CorelDRAW软件完成一件作品后，都需要对作品进行保存，不要使资料丢失，
以便于以后的使用，文件的保存也有几种不同的方式。

1. 直接保存

执行菜单"文件"/"保存"命令或按Ctrl+S键，如果所绘制的作品从没有保存过的话，会弹出"保存绘图"对话框，在该对话框中的"文件名"处输入所需要的文件名，即可将文件进行保存。

> **技 巧**
>
> 单击标准工具栏中的 🔲 "保存"按钮，可将文件进行保存。

> **技 巧**
>
> 通常低版本的CorelDRAW软件打不开高版本的CorelDRAW文件，因此在保存文件时可以在"版本"下拉列表中选择低版本的进行保存，以适应CorelDRAW的各种版本。

2. 另存为保存

执行菜单"文件"/"另存为"命令，可以将当前图形文件保存到另外一个文件夹中，也可将当前文件更改名称或是改变格式等。

> **技 巧**
>
> 已经保存的文件再进行修改，可执行菜单"文件"/"保存"命令，或单击标准工具栏中的 🔲 (保存)按钮直接保存文件。此时，不再弹出"保存绘图"对话框。也可以将文件更名保存，即执行菜单"文件"/"另存为"命令，在弹出的"保存绘图"对话框中，重复前面的操作，在"文件名"文本框中重新更换一个文件名，再进行保存。

> **技 巧**
>
> 通过按键盘上的Ctrl+Shift+S键，可在"保存绘图"对话框中的"文件名"文本框中用新名保存绘图。

1.6.8 关闭文档

对不需要的文档可以通过"关闭"命令，将其关闭，执行菜单"文件"/"关闭"命令，或单击标签右侧的Ⅰ按钮。

> **技 巧**
>
> 关闭时，如果文件没有任何改动，则文件将直接被关闭。如果对文件进行了修改，将弹出如图1-27所示的对话框。单击"是"按钮，保存文件的修改，并关闭文件；单击"否"按钮，将关闭文件，不保存文件的修改；单击"取消"按钮，取消文件的关闭操作。
>
>
>
> 图1-27　CorelDRAW X8对话框

技 巧

用户在CorelDRAW中进行操作时，有时会打开多个文件，如果要一次将所有文件都关闭，就要使用"全部关闭"命令。执行菜单"文件"/"全部关闭"命令，就可将所有打开的文件全部关闭，为用户节省了时间。

1.6.9 撤销与重做的操作

在CorelDRAW中进行绘图时，撤销和重做操作可以快速地纠正错误。具体的操作方法如下。

上机实战 撤销与重做操作

STEP 1 打开本书附带的"财神2"素材，如图1-28所示。

STEP 2 选择躺着的财神图形，将其删除，效果如图1-29所示。

STEP 3 执行菜单"编辑"/"撤销删除"命令，取消前一步的操作，删除的财神图形恢复到视图中，如图1-30所示。

图1-28 财神图形

图1-29 删除躺着的财神图形

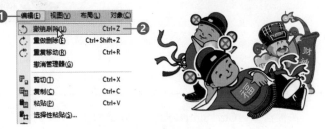

图1-30 撤销删除操作

技 巧

执行菜单"编辑"/"撤销删除"命令，或按键盘上的Ctrl+Z键，可以快速撤销上一次的操作。

STEP 4 如果再执行菜单"编辑"/"重做删除"命令，财神图形将重新被删除，如图1-31所示。

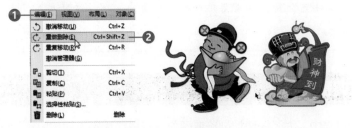

图1-31 重做删除

STEP 5 选择躺着的财神图形，将其调整到其他位置，然后再将其删除，效果如图1-32所示。

图1-32 删除后的效果

STEP 6 单击标准工具栏 (撤销)右侧的 按钮，在弹出的面板中，将光标移动至"移动"上单击鼠标，效果如图1-33所示。

图1-33 撤销操作

技 巧

按键盘上的Ctrl+Shift+Z键，重做退回上一次的"撤销"操作。

技 巧

执行的操作不同，在"编辑"菜单和标准工具栏中的撤销或重做面板中显示的撤销命令也不同。用户在使用该命令时应灵活掌握。

技 巧

撤销操作可将一步或已执行的多步操作撤销，返回到操作前的状态；而重做操作则是在撤销操作后的恢复操作。

1.7 视图调整

在图形的绘制过程中，为了快速地浏览或工作，可以在编辑过程中以适当的方式查看效果或调整视图比例，有效地管理和控制视图。CorelDRAW X8为了满足用户的需求，提供了6种图形的显示方式，分别为"简单线框"模式、"线框"模式、"草稿"模式、"普通"模式、"增强"模式和"像素"模式。

1.8　CorelDRAW X8 的辅助功能

在运用CorelDRAW软件绘制图形和编辑图形时，经常会使用页面标尺或页面辅助线，使用这些可以使用户更精确地绘制和编辑图像。

1.8.1　标尺的使用

执行菜单"视图"/"标尺"命令，可以显示或隐藏CorelDRAW页面上的标尺，标尺包括水平标尺和垂直尺两部分，如图1-34所示。

图1-34　CorelDRAW页面上的标尺

上机实战　设置标尺参数

STEP 1 用鼠标右击标尺上的任意位置，在弹出的快捷菜单中选择"标尺设置"命令，如图1-35所示。

STEP 2 选择"标尺设置"命令后，打开"选项"对话框，在该对话框中，用户可以根据自己的需要来设置标尺的参数，如图1-36所示。

图1-35　快捷命令

图1-36　"选项"对话框

STEP 3 将单位改为"毫米"后，单击"确定"按钮，此时会将工作页面的标尺按毫米进行显示，如图1-37所示。

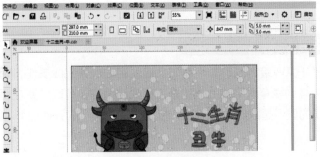

图1-37　以毫米显示

技 巧

执行菜单"工具"/"选项"命令，在打开的"选项"对话框中同样可以选择"标尺"选项，再对标尺进行相应设置。

技 巧

如果用户需要更为精确的定位，可以在标尺交叉的位置拖曳到绘图区域，此时会将该位置作为标尺的零起点，如图1-38所示。按住键盘上的Shift键，然后拖曳标尺放置在所需要的位置，可以将标尺拖曳到工作区的相应位置，如图1-39所示。

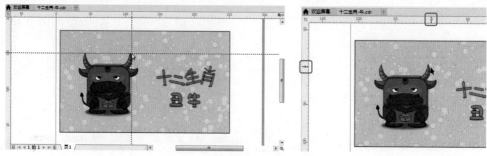

图1-38　改变标尺的零起点

图1-39　改变标尺的位置

提 示

如果用户要将标尺恢复到最初位置，只要在标尺相交的位置上双击鼠标即可。如果用户要将移动位置的标尺恢复到最初位置，只要按住键盘上的Shift键，然后在标尺上双击鼠标即可。

1.8.2　辅助线的使用

用户在使用CorelDRAW绘制图形时，有时会借助辅助线来完成操作，辅助线是可以帮助用户排列对齐对象的直线。辅助线有水平辅助线和垂直辅助线两种，可以放置在页面中的任何位置，在CorelDRAW中辅助线的显示是以虚线的形式，打印时是不显示的，如图1-40所示。

在对辅助线进行设置时，通常有以下几种方法。

★ **方法1：** 将鼠标指针放置在水平或垂直的标尺上，按住鼠标左键向页面内拖曳，在合适的位置松开鼠标就可以得到一条辅助线。

★ **方法2：** 用鼠标右击标尺上的任意位置，在弹出的快捷菜单中选择"辅助线设置"命令，此时弹出"辅助线"泊坞窗，在其中可以设置添加水平、垂直的辅助线，如图1-41所示。

图1-40 CorelDRAW中的辅助线

★ **方法3：** 执行菜单"视图"/"辅助线设置"命令，打开"选项"对话框，在该对话框中可设置辅助线的水平值和垂直值，如图1-42所示。

★ **方法4：** 在添加的辅助线上单击，此时会在辅助线上出现旋转符号，拖动即可改变角度，如图1-43所示。在"选项"对话框和"辅助线"泊坞窗中同样可以调整辅助线角度，这样调整得更加精确一些。

图1-41 "辅助线"泊坞窗

图1-42 "选项"对话框

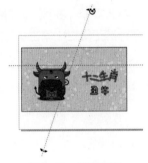

图1-43 设置角度

★ **方法5：** 如果用户不需要页面中的辅助线了，只需用鼠标单击插入的辅助线，然后按键盘上的Delete键，就可将辅助线删除。

提 示

如要显示或隐藏辅助线，只需执行菜单"视图"/"辅助线"命令即可，或者在"选项"对话框以及"辅助线"泊坞窗中进行设置。

1.8.3 网格的使用

在CorelDRAW中，网格是由一连串水平和垂直的细线纵横交叉构成的，用于辅助捕捉、排列对象。用户可以通过"选项"对话框对网格的相关参数进行设置，在CorelDRAW X8中网格包含文档表格、基线网格和像素网格，执行菜单"工具"/"选项"命令，在"文档"类别中选择"网格"，如图1-44所示。

其中的各项含义如下。

★ **"水平"/"垂直"：** 在文本框中输入的数值用于设置网格线之间的距离，或者每英寸的网格数量。

✦ **"每毫米的网格线数"**: 指每毫米距离中所包含的线数。打开此项的下拉列表,选择"毫米间距",可以设置指定水平或垂直方向上网格线之间的距离。

✦ **"贴齐网格"**: 勾选此复选框,移动选定的对象时,系统会自动将对象中的节点按网格点对齐。

✦ **"将网格显示为线/点"**: 用户可通过点选这两个按钮来切换网格显示为线或点的样式。

图1-44 "选项"对话框

✦ **"间距"**: 在该文本框中可输入基线网格间距的数值。

✦ **"从顶部开始"**: 设定的是基线与页面顶部之间的距离。

✦ **"像素网格"**: 移动"不透明度"滑块,可调节网格的不透明度效果。右侧色样可以选择网格的颜色,用户可以根据绘图的需要和自己的喜好自行设定。

执行菜单"视图"/"网络"/"文档网格/基线网格/像素网格"命令,即可显示网格,或者直接在标准工具栏中单击 ▦ "显示网格"按钮,来进行显示与隐藏网格,如图1-45所示。

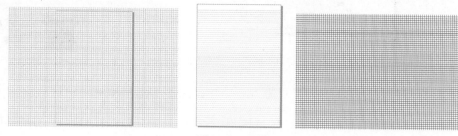

图1-45 网格

提 示

只有将页面放大到800%以上才能看到像素网格,而且必须将视图设置为"像素"。

1.8.4 页面背景的设置

在CorelDRAW中可以设置页面背景,页面背景可以是单一的颜色或是一幅背景图片。执行菜单"布局"/"页面背景"命令,打开"选项"对话框,在该对话框中有3个单选按钮,分别为"无背景""纯色"和"位图",如图1-46所示。

其中的各项含义如下。

✦ **"无背景"**: 选择该单选按钮,就是不为CorelDRAW设置任何的背景。

✦ **"纯色"**: 选择该单选按钮,可以将背景设置一种颜色作为CorelDRAW的背景色,但是这种背景色是单一的颜色。

✦ **"位图"**: 选择该单选按钮,可以将一幅位图作为CorelDRAW绘图页面的背景。

* ★ "**链接**"：以链接的方式插入选择的位图。
* ★ "**嵌入**"：直接将选择的素材嵌套到当前文档中。
* ★ "**位图尺寸**"：用来设置插入位图的尺寸。

图1-46 "选项"对话框

1.8.5 自动对齐功能

在CorelDRAW中，系统为用户设置了自动对齐功能，所谓自动对齐功能是指用户在绘制图形和排列对象时，自动向网格、辅助线或者另外的对象吸附的功能。CorelDRAW中自动对齐距离为3，是指对象和辅助线、网格之间的距离小于3个像素点时，CorelDRAW会启动自动吸附功能。

* ★ "**自动对齐网格**"：自动对齐网格可以帮助用户很精确地对齐对象。执行菜单"视图"/"贴齐"/"贴齐网格"命令，即可启动"自动对齐网格"功能，拖动对象时，与网格相交时会自动停顿一下。

* ★ "**自动对齐辅助线**"：自动对齐辅助线也是CorelDRAW帮助用户对齐对象的一个方便快捷的命令。执行菜单"视图"/"贴齐"/"辅助线"命令，即可启动"自动对齐辅助线"功能。

* ★ "**自动对齐对象**"：自动对齐对象会使两个对象之间进行准确对齐。执行菜单"视图"/"贴齐"/"对象"命令，即可启动"自动对齐对象"功能。

* ★ "**自动对齐页面**"：自动对齐页面会使拖动的对象与页面的边框之间进行准确对齐。执行菜单"视图"/"贴齐"/"页面"命令，即可启动"自动对齐页面"功能，拖动对象时会自动出现与页面对齐的辅助线，如图1-47所示。

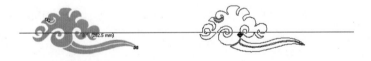

图1-47 出现的辅助线

> **提示**
>
> 在CorelDRAW软件的操作过程中，可以在使用到自动对齐功能时将其开启，使用结束后，可将其关闭，以免造成操作的不便。

1.8.6 管理多页面

CorelDRAW软件不仅可以用来绘制图形，还可以用来制作名片、排列版面等，这就需要建立多个页面，并对多个页面进行管理。有两种管理方法，一种是通过导航器来进行管理，如图1-48所示。另外一种是运用菜单命令来进行管理。

其中的各项含义如下。

★ "**重命名页面**"：右击CorelDRAW左下角的导航栏，在弹出的快捷菜单中选择"重命名页面"命令，然后在弹出的"重命名页面"对话框中输入所需要的页面名即可，如图1-49所示。

图1-48 页面管理

★ "**在后面插入页面**"：在原有的页面后面插入页面。

★ "**在前面插入页面**"：在原有的页面前面插入页面。

★ "**再制页面**"：将当前页面复制一个副本页面。

图1-49 重命名页面

★ "**删除页面**"：删除不需要的页面。

★ "**切换页面方向**"：将页面在横向与纵向之间转换。

1.9 练习与习题

1. 练习

(1) 新建一个空白文档。

(2) 将页面变为横向。

(3) 导入位图。

2. 习题

(1) 通常在向CorelDRAW中导入位图时，放置在页面中的位图都维持其原有的比例，如果需要在导入时改变位图的原有比例，则应该在单击导入位置光标时按什么键？（   ）

    A. Alt键　　　　　B. Ctrl键　　　　　C. Shift键　　　　　D. Tab键

(2) 运行速度比较快，且又能显示图形效果的预览方式是哪一种？（   ）

    A. 草稿　　　　　B. 正常　　　　　C. 线框　　　　　D. 增强

(3) 设置页面背景色时，只针对以下哪种效果？（   ）

    A. 纸张与所有显示区域　　　　　B. 只针对纸张

    C. 矩形框内　　　　　D. 纸张以外

第 2 章
几何图形的绘制工具

在我们的日常生活中接触到很多图形，但是无论表面看起来多么复杂或简单的图形，其实都是由方形、圆形、多边形演变而来的，本章通过实例向读者介绍在CorelDRAW软件中绘制这些基本几何图形的方法。

2.1 矩形工具组

矩形工具组包括□"矩形工具"和□"三点矩形工具"这两个工具，本节就来具体讲解一个这两个工具的用法。

2.1.1 矩形工具

□"矩形工具"是CorelDRAW中一个重要的绘图工具，使用该工具可以在页面中绘制矩形和正方形，方法是选择□"矩形工具"后，在页面中按住鼠标左键向对角处拖曳鼠标，松开鼠标后即可绘制一个矩形，如图2-1所示。

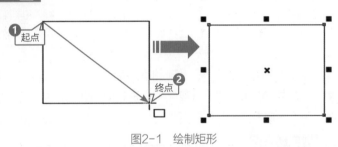

图2-1　绘制矩形

单击工具箱中的□"矩形工具"，此时属性栏会变成该工具对应的属性选项，如图2-2所示。

图2-2　矩形工具属性栏

其中的各项含义如下。

★ ▦ "对象圆点"：用来定位或缩放对象时，设置要使用的参考点。

★ "对象位置"：用来显示当前绘制矩形的坐标位置。

★ "对象大小"：用来控制绘制矩形的大小。

★ "缩放因子"：在文本框中输入数值改变对象的缩放比例，关闭或打开其右侧的 🔒 "锁定"按钮，可以进行等比或不等比的缩放。

★ "旋转角度"：在文本框中输入数值可以将对象进行不同角度的旋转。

★ "水平镜像"、"垂直镜像"：此按钮可将对象进行水平或垂直镜像翻转。

★ "圆角"：当转角半径大于0时，矩形拐角会出现弧度，如图2-3所示。

★ "扇形角"：当转角半径大于0时，矩形拐角会出现弧度凹陷，如图2-4所示。

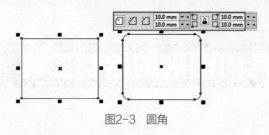

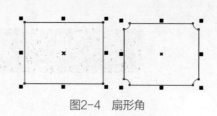

图2-3 圆角   图2-4 扇形角

★ ☐ **"倒棱角"**：当转角半径大于0时，将矩形拐角替换为直边，如图2-5所示。

★ **"转角半径"**：用来设置圆角、扇形角和倒棱角的大小。

★ **"相对角缩放"**：根据矩形的大小缩放角度。

★ ✎ 2mm ▾ **"轮廓宽度"**：在此下拉列表中可设置矩形轮廓线的宽度。

★ **"文本换行"**：用来设置段落文本绕图的选项，如图2-6所示。

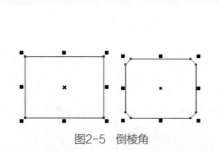

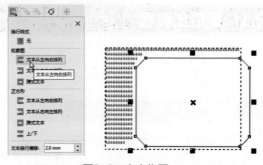

图2-5 倒棱角   图2-6 文本绕图

★ **"到图层前面"**/**"到图层后面"**：用来设置矩形与图层的前后顺序。

★ **"转换为曲线"**：将绘制的矩形转换为曲线，之后可以使用 **"形状工具"** 对其进行编辑。

★ ⊕ **"快速自定义"**：对属性栏中的各个选项进行重新定义，可以屏蔽不太常用的选项。

技 巧

矩形绘制完毕后，使用鼠标单击，会调出矩形的变换框，拖动4个角可以旋转矩形，平行拖动边会对矩形进行斜切变换，如图2-7所示。

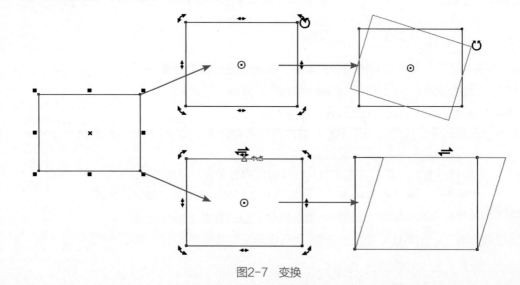

图2-7 变换

上机实战　**通过矩形工具绘制空心立方体**

STEP 1▶ 新建空白文档，在工具箱中选择□"矩形工具"，在页面选择一个合适位置后，按住鼠标向对角拖动绘制矩形，如图2-8所示。

STEP 2▶ 矩形绘制完毕后，在矩形的左侧再绘制一个小矩形，如图2-9所示。

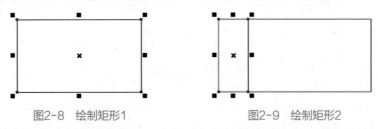

图2-8　绘制矩形1　　　　　图2-9　绘制矩形2

STEP 3▶ 在绘制的小矩形中间单击鼠标，调出变换框，拖动左侧边，进行斜切变换，如图2-10所示。

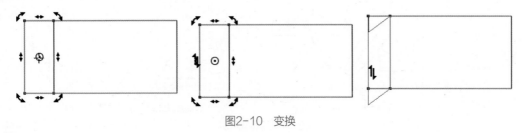

图2-10　变换

STEP 4▶ 斜切完毕单击鼠标，还原变换框，向右拖动斜切矩形，到大矩形右边后右击鼠标，复制一个副本，如图2-11所示。

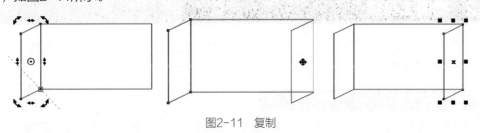

图2-11　复制

STEP 5▶ 选择之前绘制的大矩形向左下角处拖动，到对齐位置后右击鼠标，复制矩形，至此本例制作完毕，效果如图2-12所示。

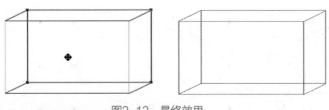

图2-12　最终效果

2.1.2　三点矩形工具

　　□"三点矩形工具"是矩形的延伸工具，能绘制出有倾斜角度的矩形，具体的绘制方法是：使用□"三点矩形工具"在页面中选择一点后按住鼠标移动到另一位置，松开鼠标向90°方向拖动，单击鼠标即可绘制一个矩形，如图2-13所示。

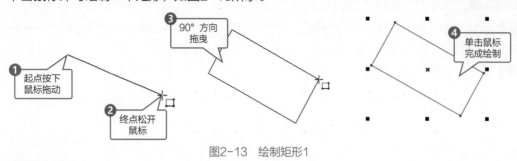

图2-13　绘制矩形1

　　🔲 "三点矩形工具"在绘制矩形时通常是按照第一条边的垂直方向绘制矩形，角度也是按照第一条边的角度来定义矩形的方向，如图2-14所示。

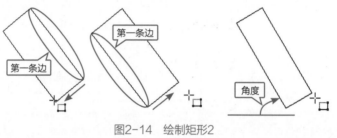

图2-14　绘制矩形2

2.2　椭圆工具组

　　椭圆工具组包括○"椭圆形工具"和🖳"三点椭圆形工具"这两个工具，本节就来具体讲解一下这两个工具的用法。

2.2.1　椭圆形工具

　　○"椭圆形工具"是CorelDRAW中一个重要的绘图工具，使用该工具可以在页面中绘制椭圆和正圆图形，方法是选择○"椭圆形工具"后，在页面中按住鼠标左键向对角处拖曳鼠标，松开鼠标后即可绘制一个椭圆形，绘制的同时按住Ctrl键可以绘制正圆形，如图2-15所示。

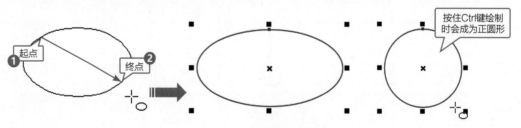

图2-15　绘制椭圆和正圆

　　单击工具箱中的◙"椭圆形工具"，此时属性栏会变成该工具对应的属性选项，如图2-16所示。

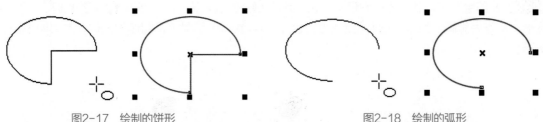

图2-16　椭圆形工具属性栏

其中的各项含义如下。

★ ◎ "椭圆形"：单击此按钮，在绘图窗口中绘制的是椭圆形。

★ ◐ "饼图"：单击此按钮，在绘图窗口中绘制的是饼形，具体的绘制方法与椭圆形一致，如图2-17所示。

★ ◠ "弧"：单击此按钮，在绘图窗口中绘制的是弧形，具体的绘制方法与椭圆形一致，如图2-18所示。

图2-17　绘制的饼形　　　　　　　　　　图2-18　绘制的弧形

★ "起始和结束角度"：此项可以控制饼形和弧形的绘制角度，以饼形为例，如图2-19所示。

★ ◔ "更改方向"：单击此按钮，可以将创建的弧形或饼形在顺时针或逆时针方向上转换，以饼形为例，如图2-20所示。

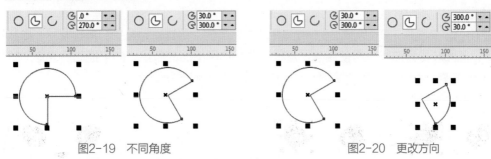

图2-19　不同角度　　　　　　　　　　图2-20　更改方向

上机实战　通过椭圆形工具绘制萌态小熊猫

STEP 1　新建空白文档，在工具箱中选择◯ "椭圆形工具"，在页面选择一个合适位置后，按下鼠标并拖动，松开鼠标后在页面中绘制一个椭圆，在调色板中单击白色，为椭圆填充白色，如图2-21所示。

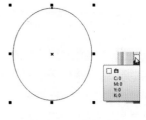

图2-21　绘制椭圆

技　巧

在CorelDRAW X8中使用◎ "椭圆形工具"绘制椭圆时，按住Shift键可以以起始点为中心绘制椭圆；按住Ctrl键可以绘制正圆；按住Shift+Ctrl键可以绘制以起始点为中心的正圆。

STEP 2 ▶ 执行菜单"对象"/"转换为曲线"命令或按
Ctrl+Q键，将绘制的椭圆转换为曲线，使用 ⚡ "形状
工具"选择下面的节点，向上拖动后，再拖动两边的
控制杆，改变形状过程如图2-22所示。

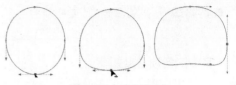

图2-22　绘制头部

提 示

　　在CorelDRAW　X8中使用 ⚡ "形状工具"拖动控制杆时，按住Shift键可以进行对称式的
调整。

STEP 3 ▶ 头部绘制完毕后，再绘制椭圆，按Ctrl+Q键将其转换为曲线，使用 ⚡ "形状工具"调整椭
圆形将其作为眼睛，然后单击调色板中的黑色，再绘制白色和黑色正圆作为眼球，效果如图2-23
所示。

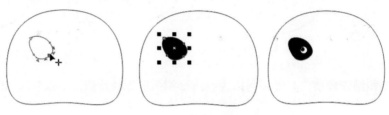

图2-23　绘制眼球

STEP 4 ▶ 框选眼睛部位的图形，复制一个副本并将其向右移动，单击属性栏中的 🔲 "水平镜像"按
钮，效果如图2-24所示。

STEP 5 ▶ 使用 ◯ "椭圆形工具"绘制一个椭圆并填充为黑色，将其作为鼻子，再绘制一个椭圆，按
Ctrl+Q键将椭圆转换为曲线，再使用 ⚡ "形状工具"选择下面的节点，向下拖动后改变形状，将
其作为嘴巴，在嘴巴和鼻子连接处绘制一个黑色椭圆，效果如图2-25所示。

图2-24　复制并翻转

图2-25　绘制鼻子和嘴巴

STEP 6 ▶ 复制眼睛后面的黑色区域，将其
移动到耳朵的位置，调整形状和大小，按
Ctrl+PgDn键向后调整顺序，此时头部绘
制完成，效果如图2-26所示。

STEP 7 ▶ 下面绘制身体部分，直接复制脑
壳，缩小后向下移动，将其作为身体部
位，按Ctrl+PgDn键向后调整顺序，效果
如图2-27所示。

图2-26　绘制头部

图2-27　绘制身体

STEP 8 复制身体部分，缩小后向下移动，再绘制黑色椭圆，按Ctrl+Q键转换为曲线后进行调整，将其作为四肢，效果如图2-28所示。

图2-28　最终效果

2.2.2　三点椭圆形工具

"三点椭圆形工具"是椭圆形工具的延伸工具，能绘制出随意角度的椭圆形，具体的绘制方法是：使用 "三点椭圆形工具"在页面中选择一点后按住鼠标移动到另一位置，松开鼠标向90°方向拖动，单击鼠标即可绘制一个椭圆形，如图2-29所示。

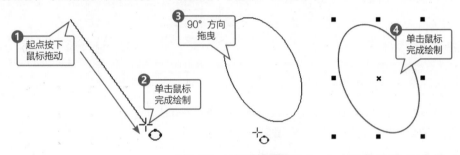

图2-29　绘制三点椭圆

> **技巧**
>
> 使用 "三点椭圆形工具"绘制椭圆形时按住Ctrl键，会得到一个以起始到终点为直径的正圆形，如图2-30所示。
>
>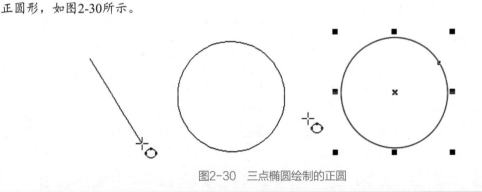
>
> 图2-30　三点椭圆绘制的正圆

2.3　多边形工具组

多边形工具组包括 "多边形工具"、 "星形工具"、 "复杂星形工具"、 "图纸工具"、 "螺纹工具"以及基本形状工具，本节具体讲解这几个工具的用法。

2.3.1 多边形工具

"多边形工具"是CorelDRAW中一个重要的绘图工具，使用该工具可以在页面中绘制多边形，方法是选择 "多边形工具"后，在属性栏中设置边数，然后再在页面中按住鼠标左键向对角处拖曳鼠标，松开鼠标后即可绘制一个多边形，绘制的同时按住Ctrl键可以绘制规则多边形，如图2-31所示。

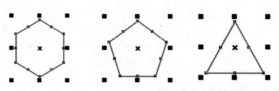

图2-31 绘制多边形

单击工具箱中的 "多边形工具"，此时属性栏会变成该工具对应的属性选项，如图2-32所示。

图2-32 多边形工具属性栏

其中的选项含义如下。

"点数或边数"：在此文本框中输入数值，可以设置绘制多边形、星形以及复杂星形的边数或点数，其范围为2~500，绘制完成的多边形也可以通过更改文本框中的数值来改变边数，输入7或9后的效果如图2-33所示。

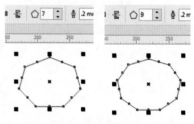

图2-33 设置多边形的边数

2.3.2 星形工具

"星形工具"在CorelDRAW中用来绘制星形。在属性栏中设置边数，然后再在页面中按住鼠标左键向对角处拖曳，松开鼠标后即可绘制一个星形，绘制的同时按住Ctrl键可以绘制规则星形，如图2-34所示。

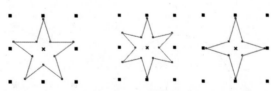

图2-34 绘制星形

单击工具箱中的 "星形工具"，此时属性栏会变成该工具对应的属性选项，如图2-35所示。

图2-35 星形工具属性栏

其中的选项含义如下。

"锐度"：在此文本框中输入数值，可以设置绘制星形以及复杂星形的角的锐度，绘制完成的星形也可以通过更改文本框中的数值来改变锐度，例如默认为53，其范围为1~99，输入20或70后的效果如图2-36所示。

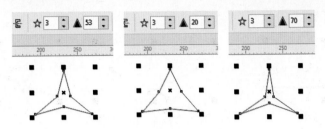

图2-36　不同锐角的星形

上机实战 | **通过星形工具绘制五角星**

STEP 1 ▶ 新建空白文档，在工具箱中选择 ☆ "星形工具"，并在属性栏中设置 "边数"为5、"锐度"为53，在页面选择一个合适位置后，按住Ctrl键按下鼠标拖动，松开鼠标后绘制一个五角形，如图2-37所示。

STEP 2 ▶ 五角形绘制好后，使用 ✒ "手绘工具"在角节点和相对节点处绘制直线，效果如图2-38所示。

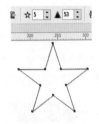

图2-37　绘制星形

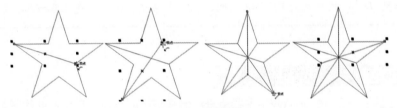

图2-38　绘制线条

STEP 3 ▶ 在工具箱中选择 ▤ "智能填充工具"，在属性栏中设置填充为"红色"，效果如图2-39所示。

STEP 4 ▶ 使用 ▤ "智能填充工具"在绘制的五角形与直线相分割的区域单击，为其填充"红色"，效果如图2-40所示。

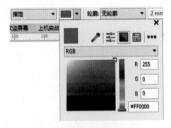

图2-39　选择填充色

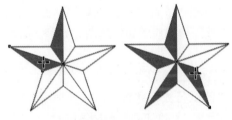

图2-40　填充

STEP 5 ▶ 为最后一个角填充颜色，至此本例制作完毕，效果如图2-41所示。

2.3.3　复杂星形工具

　　 ✿ "复杂星形工具"在CorelDRAW中用来绘制星形。在属性栏中设置边数，然后再在页面中按住鼠标左键向对角处拖曳，松开鼠标后即可绘制一个复杂星形，绘制的同时按住Ctrl键可以绘制规则复杂

图2-41　五角星

星形，如图2-42所示。

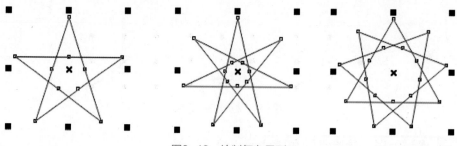

图2-42　绘制复杂星形

单击工具箱中的 ❀ "复杂星形工具"，此时属性栏会变成该工具对应的属性选项，❀ "复杂星形工具"与 ☆ "星形工具"的属性栏是一致的，读者可以参考 ☆ "星形工具"的属性栏。绘制完成的复杂星形也可以通过更改文本框中的数值来改变锐度。

> **技　巧**
>
> 使用 ⬡ "多边形工具"、☆ "星形工具"和 ❀ "复杂星形工具"在绘制时，⬡ "多边形工具"和 ☆ "星形工具"的边数是在2~500之间，❀ "复杂星形工具"是在5~500之间。

2.3.4　图纸工具

▦ "图纸工具"在CorelDRAW中主要用于绘制表格、网格等，在绘制曲线图或其他对象时辅助用户精确排列对象，在属性栏中设置行和列后，然后再在页面中按住鼠标左键向对角处拖曳，松开鼠标后即可绘制一个网格，绘制的同时按住Ctrl键可以绘制正方形网格，如图2-43所示。

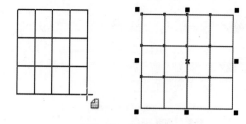

图2-43　绘制图纸

单击工具箱中的 ▦ "图纸工具"，此时属性栏会变成该工具对应的属性选项，如图2-44所示。

其中的各项含义如下。

图2-44　图纸工具属性栏

★ ▦ "**图纸行数和列数**"：在此项中可以设置使用 ▦ "图纸工具"绘制图形时的行数和列数，其范围为1~99，输入10、8或5、6后的效果，如图2-45所示。

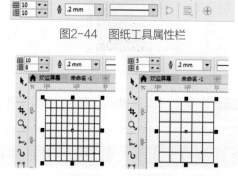

图2-45　绘制的图纸

★ ▷ "**闭合曲线**"：该功能可以将拆分后并转换为曲线的单元格取消闭合，使用 ⬚ "形状工具"可以将起点与终点分开，再次单击可以将分开的曲线进行闭合，如图2-46所示。

★ ══ "**线条样式**"：该功能可以将绘制的图纸轮廓进行样式设置。

上机实战 通过图纸工具制作分散图像

STEP 1 新建空白文档，在工具箱中选择 "图纸工具"，并在属性栏中设置 "图纸行数和列数" 为3、3，在页面选择一个合适位置后，按住Ctrl键按下鼠标拖动，松开鼠标后绘制一个网格，如图2-47所示。

STEP 2 执行菜单 "文件" / "导入" 命令，导入本书附带的 "女鞋" 素材，如图2-48所示。

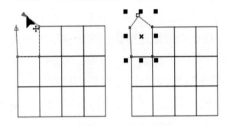

图2-46 闭合曲线

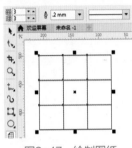

图2-47 绘制图纸

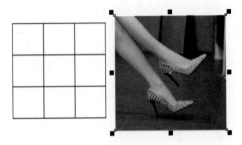

图2-48 导入素材

STEP 3 使用鼠标右键拖曳 "女鞋" 素材到绘制的图纸上方，松开鼠标，在弹出的快捷菜单中选择 "PowerClip内部" 命令，如图2-49所示。

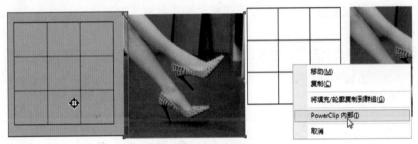

图2-49 PowerClip内部

STEP 4 应用 "PowerClip内部" 命令后，效果如图2-50所示。

STEP 5 执行菜单 "对象" / "群组" / "取消组合对象" 命令，此时可以分别将单元格进行移动，效果如图2-51所示。

STEP 6 结合辅助线，将单元格移动到合适的位置，可以将轮廓设置为其他颜色。至此本例制作完毕，效果如图2-52所示。

图2-50 PowerClip内部后

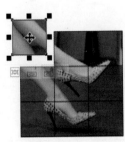

图2-51 移动

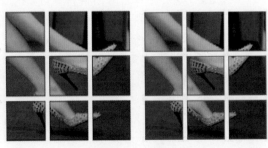

图2-52 最终效果

2.3.5 螺纹工具

"螺纹工具"在CorelDRAW中是一个比较特别的工具，主要用于绘制螺旋形，它可以绘制对称式螺纹和对数式螺纹，在属性栏中设置螺纹样式后，再在页面中按住鼠标左键向对角处拖曳，松开鼠标后即可绘制一个螺纹，绘制的同时按住Ctrl键可以绘制规则的螺纹形，拖曳的方向可以决定螺纹方向，如图2-53所示。

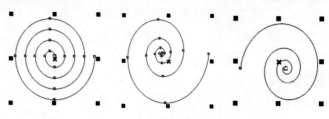

图2-53　绘制螺纹

单击工具箱中的 "螺纹工具"，此时属性栏会变成该工具对应的属性选项，如图2-54所示。

图2-54　螺纹工具属性栏

其中的各项含义如下。

★ "螺纹回圈"：在此项中可以设置螺纹形的圈数。

★ "对称式螺纹"：单击此按钮，可以绘制螺纹间距一致的螺纹形状，如图2-55左图所示。

★ "对数式螺纹"：单击此按钮，可以绘制越来越紧密的螺纹回圈间距，如图2-55右图所示。

★ "螺纹扩展参数"：用来设置新螺纹向外扩张的速率，只针对 "对数式螺纹"起作用。

★ "起始箭头与终止箭头"：用来设置螺纹线起始端箭头和终止端箭头，如图2-56所示。

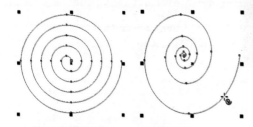

图2-55　对称式螺纹

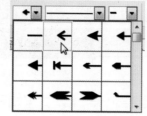

图2-56　添加箭头

技 巧

使用 "螺纹工具"绘制螺纹时，绘制的方向可以直接决定螺纹的开口方向。右下方向拖曳可以将螺纹开口朝右，如图2-57所示；左上拖曳可以将螺纹开口朝左，如图2-58所示。

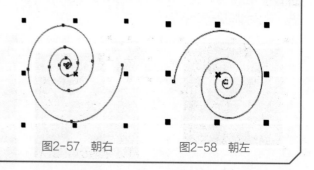

图2-57　朝右　　　图2-58　朝左

上机实战 通过螺纹工具制作蚊香

STEP 1 新建空白文档，在工具箱中选择 "螺纹工具"，并在属性栏中设置 "螺纹回圈" 为4，选择 "对称式螺纹"，设置 "轮廓宽度" 为10mm，在页面选择一个合适位置后，按住Ctrl键并按下鼠标拖动，松开鼠标后绘制一个4圈的螺纹，如图2-59所示。

STEP 2 执行菜单 "窗口" / "泊坞窗" / "对象属性" 命令，打开 "对象属性" 泊坞窗，单击 "圆形端头" 按钮，效果如图2-60所示。

图2-59　绘制螺纹

图2-60　改变端头

STEP 3 执行菜单 "编辑" / "克隆" 命令，系统会复制一个副本，在调色板中右击 "深褐色"，如图2-61所示。

STEP 4 移动副本位置，完成本例的制作，效果如图2-62所示。

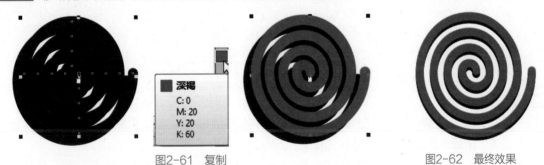
图2-61　复制　　　　　　　　　　　　　　　图2-62　最终效果

2.3.6 基本形状工具

基本形状工具包括 "基本形状"、 "箭头形状"、 "流程图形状"、 "标题形状"、 "标注形状" 这几个工具，基本形状工具只要选择对应的工具后，在属性栏中的 "完美形状" 下拉列表中选择图形，再在页面中拖曳即可绘制，如图2-63所示。

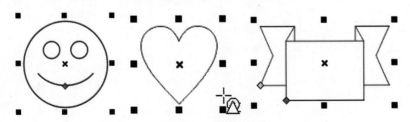
图2-63　基本形状图形

上机实战 **通过标注形状结合螺纹工具绘制绵羊头像**

STEP 1 ▶ 新建空白文档，选择 "标注形状"工具，在属性栏中单击 "完美形状"按钮，在下拉列表中选择一个形状后绘制，如图2-64所示。

STEP 2 ▶ 按Ctrl+Q键将图形转换为曲线，再按Ctrl+K键将曲线拆分，将上面的椭圆选取后删除，再将剩余的部分填充白色，如图2-65所示。

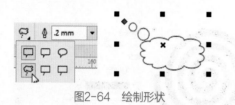

图2-64　绘制形状　　　　　　　　图2-65　拆分删除后填充颜色

STEP 3 ▶ 绘制一个椭圆填充白色，再按Ctrl+Q键将椭圆转换为曲线，使用 "形状工具"调整椭圆形状，如图2-66所示。

STEP 4 ▶ 执行菜单"对象"/"顺序"/"向后一层"命令或按Ctrl+PgDn键，改变顺序，如图2-67所示。

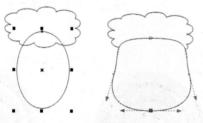

图2-66　绘制椭圆并调整形状　　　　　图2-67　改变顺序

STEP 5 ▶ 选择 "螺纹工具"后，在属性栏中设置"螺纹回数"为2，选择 "对数式螺纹"，在文档中绘制螺纹，调整顺序后，按Ctrl+V键复制，再按Ctrl+V键粘贴，复制一个副本，再单击 "水平镜像"按钮，完成犄角的绘制，如图2-68所示。

图2-68　绘制螺纹

STEP 6 ▶ 使用 "椭圆形工具"和 "贝塞尔工具"绘制眼睛和嘴，至此本例制作完毕，效果如图2-69所示。

图2-69　卡通羊头

| 2.4 练习与习题

1. 练习

(1) 对几何绘制工具逐个进行练习。

(2) 使用形状工具对绘制的图形进行精确编辑。

2. 习题

(1) 如果要在绘图工具为当前状态时取消选定所有对象，可以按哪一个快捷键？（ ）

    A. Enter键　　　　B. Esc键　　　　　　C. 空格键　　　　　　D. Ctrl键

(2) 使用○(椭圆形工具)绘制正圆时，需按住键盘上的哪个键？（ ）

    A. Enter键　　　　B. Esc键　　　　　　C. Shift键　　　　　　D. Ctrl键

第 3 章

各种线的绘制工具

在日常生活中，使用绘图工具，例如直尺、圆规等，可以很容易地绘制出直线、曲线。运用CorelDRAW X8软件，要如何绘制直线、曲线呢？本章将具体讲解线条与曲线工具的应用。

3.1 手绘工具

"手绘工具"是CorelDRAW X8中一个非常重要的绘图工具，使用该工具可以在页面中绘制直线线段和随意的曲线。

3.1.1 手绘工具绘制直线

选择 "手绘工具"后，在页面中单击鼠标左键，然后将鼠标移动到另一个位置，再次单击鼠标左键，此时会完成直线的绘制，如图3-1所示。

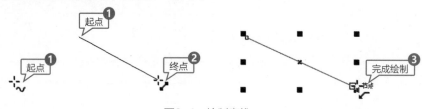

图3-1 绘制直线

> **技 巧**
>
> 绘制直线的长短与鼠标移动的位置和距离有关，直线的方向与尾端单击鼠标左键的位置相同， "手绘工具"在绘制直线时方向也是比较随意的；如果想按照水平或垂直方向绘制标准角度的直线时，可以在绘制的同时按住Shift键，角度为水平或垂直方向加减15°角。

3.1.2 手绘工具接续直线

使用 "手绘工具"在页面中绘制一条直线线段后，将鼠标指针移到线段的末端节点上，此时光标变为 形状，如图3-2所示。单击鼠标会将新线段与之前的线段末端相连接，向另外方向拖曳鼠标，如图3-3所示，以此类推可以绘制连续的直线线段，如图3-4所示。

图3-2 连接节点   图3-3 绘制第二条线段   图3-4 接续直线

绘制连续线条时，当终点与起点相交时，光标同样会变为形状，此时只要单击鼠标，就可以将线段变为一个封闭的整体形状，此时可以为封闭区域进行填充等相应操作。

3.1.3 手绘工具绘制曲线

使用"手绘工具"在页面中选择一个起点后，按住鼠标左键在页面上拖曳，松开鼠标后，即可得到一条曲线，如图3-5所示。

图3-5　绘制曲线

绘制曲线时，如果出错了，只要按住Shift键向原路返回，即可将经过的区域擦除，如图3-6所示。

图3-6　擦除曲线

3.1.4 直线上接续曲线

使用"手绘工具"在页面中绘制一条线段后，将光标再次移动到末端节点上，当光标变为形状时，按下鼠标拖曳即可在线段中添加曲线，如图3-7所示。

图3-7　直线上接续曲线

单击工具箱中的"手绘工具"，此时属性栏会变成该工具对应的属性选项，如图3-8所示。

图3-8　手绘工具属性栏

其中的各项含义如下。

★ "拆分"：该按钮只有在结合对象或修整对象后才会启用，用于将合并后的对象进行拆分，以便于对单独个体进行编辑。

★ "手绘平滑"：此项用来设置手绘曲线的平滑度，数值越大，手绘线条的平滑度就会越大。

★ "边框"：用来设置显示与隐藏绘制的直线或曲线的选择框。

3.2 2点线工具

"2点线工具"是CorelDRAW X8中一个专门绘制直线线段的工具，该工具还可以绘制与对象垂直或相切的直线。

默认情况下，选择 "2点线工具"后，在页面中绘制直线的方法是：在文档中选择起点按住鼠标向外拖动，松开鼠标后即可得到一条直线，如图3-9所示。

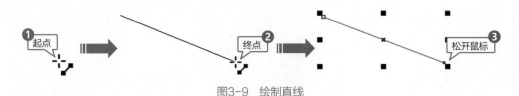

图3-9　绘制直线

单击工具箱中的 "2点线工具"，此时属性栏会变成该工具对应的属性选项，如图3-10所示。

图3-10　2点线工具属性栏

其中的各项含义如下。

★　 "2点线工具"：用来连接起点与终点之间的连线，如图3-11所示。

图3-11　绘制2点线

★　 "垂直2点线"：用来将当前绘制的2点线与之前直线或对象成直角，如图3-12所示。

图3-12　垂直2点线

★　 "相切的2点线"：用来将当前绘制的2点线与之前直线或对象成相切角度，如图3-13所示。

> **技 巧**
>
> 在使用 "2点线工具"中的 "相切的2点线"绘制相切线段时，如果在椭圆形对象上进行绘制，随着拖动角度的变化，选择的起点也会跟随变化。

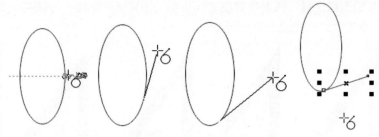

图3-13　相切的2点线

上机实战　**通过2点线工具绘制三角尺**

STEP 1 ► 新建空白文档，使用 ▨ "2点线工具"在页面中选择起点后按住Shift键垂直绘制直线，再水平绘制直线，最后按住鼠标将终点与起点相连接，得到一个封闭的三角形，如图3-14所示。

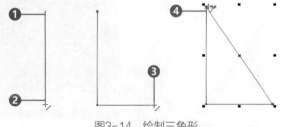

图3-14　绘制三角形

STEP 2 ► 选择绘制的封闭三角形，在调色板中单击"橘色"，为三角形填充橘色，如图3-15所示。

STEP 3 ► 按Ctrl+C键，再按Ctrl+V键复制一个副本，拖动控制点将副本缩小，效果如图3-16所示。

STEP 4 ► 在调色板中单击白色，将缩小的三角形填充白色，如图3-17所示。

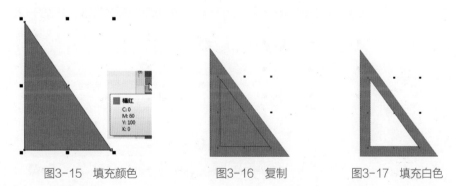

图3-15　填充颜色　　　　　图3-16　复制　　　　　图3-17　填充白色

STEP 5 ► 再使用 ▨ "2点线工具"在三角形的边缘绘制直线将其作为刻度线，复制副本后移动到相应位置，如图3-18所示。

STEP 6 ► 使用 ▨ "选择工具"框选所有刻度线，执行菜单"对象"/"对齐与分布"/"对齐与分布"命令，打开"对齐与分布"泊坞窗，在其中单击"左对齐"和"顶部分散排列"，效果如图3-19所示。

STEP 7 再使用 ✐ "2点线工具"在两个刻度之间绘制更加精细的刻度,方法与大刻度一致,然后绘制三角尺下面的刻度,效果如图3-20所示。

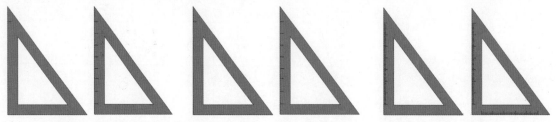

图3-18　绘制直线　　　　图3-19　对齐与分布　　　　图3-20　绘制刻度

STEP 8 使用 字 "文本工具"在刻度上输入文字,导入本书附带的"黑板"素材将其作为背景。至此本例制作完毕,效果如图3-21所示。

图3-21　最终效果

3.3　贝塞尔工具

✐ "贝塞尔工具"是CorelDRAW X8中一个专门绘制曲线的工具,该工具还可以绘制连续的线段和封闭形状,方法是选择 ✐ "贝塞尔工具"后,在页面中单击鼠标左键后移动到另一位置再单击可以得到直线,到第二点按住鼠标拖动会得到一条与前一点形成的曲线,如图3-22所示。

按住鼠标拖曳会得到曲线

图3-22　线段与曲线

单击工具箱中的 ✐ "贝塞尔工具",此时属性栏会变成该工具对应的属性选项,如图3-23所示。

图3-23　贝塞尔工具属性栏

✍"贝塞尔工具"属性栏中的各个选项与 ↖"形状工具"属性栏基本一致,具体的功能讲解读者可以参考 ↖"形状工具"。

3.4 钢笔工具

🖊"钢笔工具"是CorelDRAW X8中一个专门绘制直线与曲线的工具,而且还能在绘制过程中添加和删除节点,方法是选择🖊"钢笔工具"后,在页面中单击鼠标移动到另一位置单击能够绘制直线,到第二点按住鼠标拖动会得到一条与前一点形成的曲线,按Enter键完成绘制,如图3-24所示。

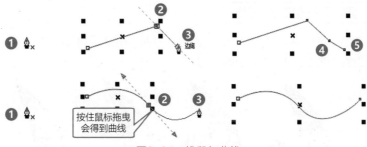

图3-24 线段与曲线

技 巧

使用🖊"钢笔工具"绘制直线或曲线时,可以在末端节点上双击,完成绘制。

单击工具箱中的🖊"钢笔工具",此时属性栏会变成该工具对应的属性选项,如图3-25所示。

图3-25 钢笔工具属性栏

其中的各项含义如下。

★ 🔍"预览模式":用来预览将要绘制直线或曲线的效果,默认会以蓝色线条显示,不选择该项将不会出现预览效果,如图3-26所示。

图3-26 预览模式

★ 🖊"自动添加与删除节点":开启此功能后,可以在曲线中没有节点的位置通过单击添加节点,如图3-27所示;在有节点的位置单击可以将节点删除,如图3-28所示。

图3-27 添加节点

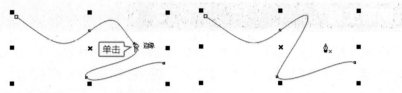

图3-28 删除节点

上机实战 **通过钢笔工具绘制豌豆荚**

STEP 1 新建空白文档，使用 ⬚ "钢笔工具"绘制豌豆荚的轮廓后填充"橘色"，再在边缘上使用 ⬚ "钢笔工具"绘制小曲线，如图3-29所示。

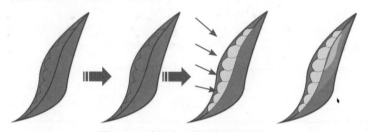

图3-29 绘制豌豆荚整体与小曲线

STEP 2 使用 ⬚ "钢笔工具"在上下顶点绘制豆荚帽，并填充"绿色"和"浅绿色"，如图3-30所示。

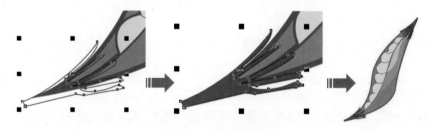

图3-30 绘制豆荚帽

STEP 3 使用 ◯ "椭圆形工具"在豆荚上面绘制眼睛，效果如图3-31所示。

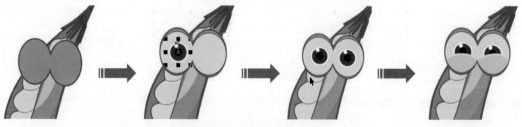

图3-31 绘制眼睛

STEP 4 眼睛绘制完毕后，使用 ⬚ "钢笔工具"绘制嘴巴和眼眉，如图3-32所示。

STEP 5 至此完成本例的制作，最终效果如图3-33所示。

图3-32　绘制嘴巴和眼眉　　　　　　　图3-33　最终效果

3.5 B样条工具

　　⬚ "B样条工具"是CorelDRAW X8中一个通过设置构成曲线的控制点来绘制曲线的工具。方法是选择 ⬚ "B样条工具"后，在页面中单击鼠标移动到另一位置单击，再移动鼠标到另一点就能够出现曲线，在最后一点上双击即可完成曲线的绘制，如图3-34所示。

图3-34　B样条工具绘制曲线

> **技 巧**
>
> 　　使用 ⬚ "B样条工具"绘制曲线时，当起点与终点相交时，单击即可绘制封闭的图形形状。

　　单击工具箱中的 ⬚ "B样条工具"，此时属性栏会变成该工具对应的属性选项，如图3-35所示。

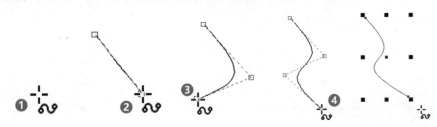

图3-35　B样条工具属性栏

上机实战　通过B样条工具绘制卡通蜻蜓

STEP 1 新建空白文档，首先绘制蜻蜓翅膀，使用 ⬚ "B样条工具"在页面中合适的位置单击，移动鼠标到另一位置单击后再移动到下一位置，如图3-36所示。

图3-36　绘制翅膀

STEP 2▶ 再移动鼠标到下面位置，单击后再次移动，形成单侧翅膀形状后双击，完成翅膀的绘制，如图3-37所示。

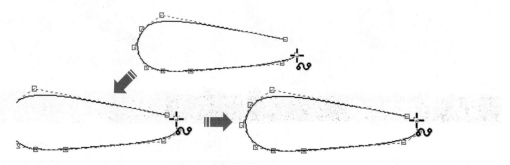

图3-37　继续绘制翅膀

STEP 3▶ 在调色板中单击"橙色"，将翅膀填充"橙色"，右击☒"无填充"，选择▦"透明度工具"，设置不透明度为如图3-38所示的效果。

STEP 4▶ 按Ctrl+D键复制一个副本，将副本缩小并调整位置，效果如图3-39所示。

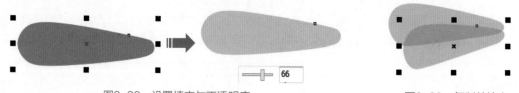

图3-38　设置填充与不透明度　　　　　　　　　　图3-39　复制并缩小

STEP 5▶ 框选两个翅膀，按Ctrl+D键复制一个副本，单击属性栏中的▥ "水平镜像"按钮进行水平翻转，移到合适的位置，效果如图3-40所示。

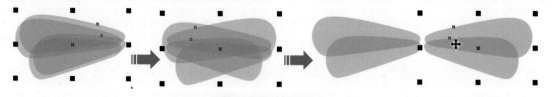

图3-40　复制并翻转

STEP 6▶ 使用〇"椭圆形工具"绘制身体，将其填充为"深褐色"，按Ctrl+Q键转换为曲线后去掉轮廓，使用ᵏ"形状工具"调整形状，效果如图3-41所示。

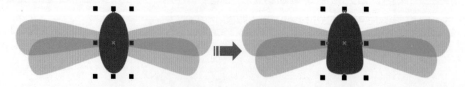

图3-41　绘制身体

STEP 7 ▶ 使用〇"椭圆形工具"和□"矩形工具"绘制头部和身体尾部,为其填充合适的颜色,效果如图3-42所示。

STEP 8 ▶ 使用线条工具绘制隔离线条,使用🖑"智能填充工具"填充颜色,效果如图3-43所示。

STEP 9 ▶ 选择翅膀后,按Ctrl+Pgup键将翅膀移动到最上层,至此本例制作完毕,效果如图3-44所示。

图3-42　绘制头部和身体尾部

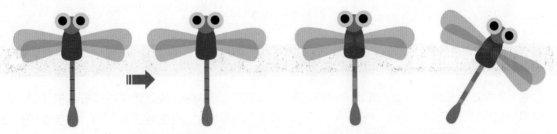

图3-43　完成蜻蜓绘制　　　　　　　　图3-44　最终效果

3.6　折线工具

　　🖑"折线工具"是CorelDRAW X8中一个可以自由地绘制曲线和连续线段的工具。方法是选择🖑"折线工具"后,在页面中将光标移到需要绘制的位置后按住鼠标左键,然后向右侧拖曳鼠标,到合适位置后双击鼠标,即可将曲线绘制完成,如图3-45所示。选择起点单击鼠标,移到另一点单击鼠标,以此类推可以绘制直线线段,在终点双击完成绘制,如图3-46所示。

图3-45　使用折线工具绘制曲线

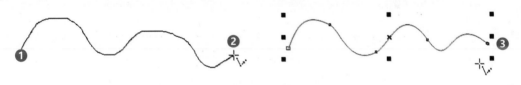

图3-46　使用折线工具绘制直线线段

技　巧

　　使用🖑"折线工具"绘制曲线时,松开鼠标,再单击鼠标就可以得到曲线与直线相连接的图形。

　　单击工具箱中的🖑"折线工具",此时属性栏会变成该工具对应的属性选项,如图3-47所示。

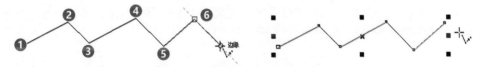

图3-47　折线工具属性栏

其中的选项含义如下。

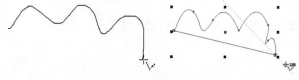 **"自动闭合"**：单击此按钮后，在使用 "折线工具" 绘制曲线时，绘制的曲线会自动将起点与终点相连接形成闭合图形，如图3-48所示。

图3-48　自动闭合

3.7　3点曲线工具

"3点曲线工具"是CorelDRAW X8中一个可以绘制多种弧线或近似圆弧曲线的工具。用户只需确定曲线的两个端点和一个中心点即可。方法是选择 "3点曲线工具" 后，在绘图页面上单击并按住鼠标左键向右拖曳，在合适的位置松开鼠标并向其他方向拖曳然后单击鼠标，即可完成弧线的绘制，如图3-49所示。

图3-49　3点曲线工具

单击工具箱中的 "3点曲线工具"，此时属性栏会变成该工具对应的属性选项，如图3-50所示。

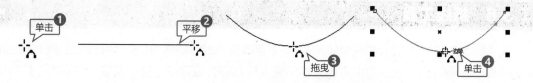

图3-50　3点曲线工具属性栏

上机实战　**通过3点曲线工具绘制直线和接续曲线**

STEP 1 新建空白文档，使用 "3点曲线工具" 在页面中按住鼠标拖曳，移动一段位置后单击，即可使用该工具绘制一条直线，如图3-51所示。

图3-51　绘制直线

STEP 2 将 "3点曲线工具" 鼠标指针拖动到直线节点上，当鼠标指针变为 形状时，按下鼠标按键拖曳到另一点松开，再拖曳鼠标到其他位置单击，即可在线段中添加三点曲线，如图3-52所示。

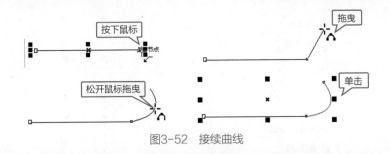

图3-52　接续曲线

| 3.8　智能绘图工具

 "智能绘图工具"是CorelDRAW X8中一个可以自动识别许多形状的工具，包括圆形、矩形、箭头、菱形、梯形等，还能自动平滑和修饰曲线，快速规整和完善图像， "智能绘图工具"有点像我们不借助尺规进行徒手绘草图，只不过笔变成了鼠标等输入设备。我们可以自由地草绘一些线条，最好有一点规律性，如大体像椭圆形，或者不精确的矩形、三角形等，这样在草绘时"智能绘图工具"可以自动对涂鸦的线条进行识别、判断并组织成最接近的几何形状。使用方法是选择 "智能绘图工具"后，在绘图页面中按住鼠标左键按几何图形的大致图形进行拖曳，松开鼠标后系统会自动识别绘制的图形并将其转换为标准图形，如图3-53所示。

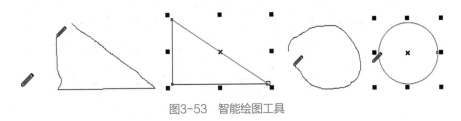

图3-53　智能绘图工具

> **提　示**
>
> 当我们进行各种规划，绘制流程图、原理图等草图时，一般要求就是准确而快速，使用 "智能绘图工具"正好符合这些要求。

单击工具箱中的 "智能绘图工具"，此时属性栏会变成该工具对应的属性选项，如图3-54所示。

图3-54　智能绘图工具属性栏

其中的各项含义如下。

★ **"形状识别等级"**：用来设置检测形状并转换为形状的等级，如图3-55所示。

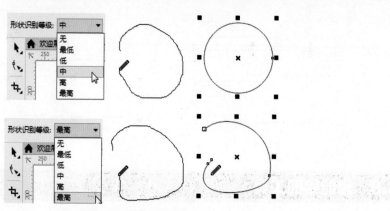

图3-55　形状识别等级

★　**"智能平滑等级"**：用来设置 "智能绘图工具"创建图形轮廓的平滑度，等级越高越平滑，如图3-56所示。

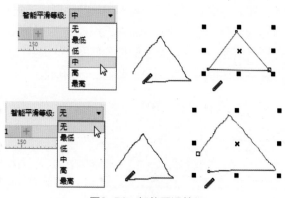

图3-56　智能平滑等级

上机实战　**通过智能绘图工具绘制拼贴三角形**

STEP 1 新建空白文档，使用 "智能绘图工具"在文档中绘制三角形，如图3-57所示。

STEP 2 在三角形内部再绘制一个倒三角形，如图3-58所示。

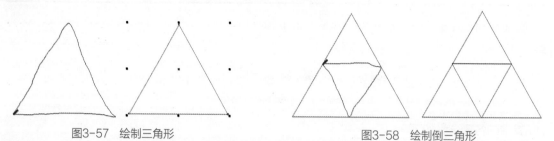

图3-57　绘制三角形　　　　　　　　图3-58　绘制倒三角形

STEP 3 使用 "智能填充工具"在属性栏中设置"填充色"为"绿色"，之后在拼接的两个三角形上单击进行填充，如图3-59所示。

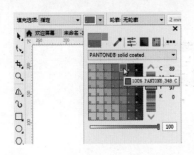
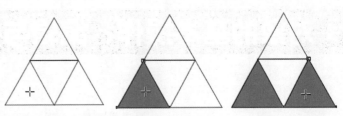

图3-59 填充

STEP 4 再为另外两个三角形填充不同的颜色，如图3-60所示。

STEP 5 框选所有对象，在"颜色表"中的"绿色"色标上右击，至此本例制作完毕，效果如图3-61所示。

图3-60 填充   图3-61 最终效果

3.9 练习与习题

1. 练习

对线性绘制工具逐个进行练习。

2. 习题

使用手绘工具进行绘图时，如要绘出如图所示的连续折线，绘制时要在每个节点处如何操作？

A. 单击一下，然后移动鼠标到下一点再单击，直到结束绘制

B. 双击一下，然后移动鼠标到下一点再单击，直到结束绘制

C. 单击并拖动鼠标到下一点，直到结束绘制

D. 右击一下，然后移动鼠标到下一点再单击，直到结束绘制

第4章

对象的基本操作、编辑与管理

CorelDRAW X8提供了强大的对象编辑功能，包括对象的选择、对象的定位、对象的缩放与镜像、仿制和删除对象、对象的变换等操作。通过本章的学习，用户可以使用最适合的方式对对象进行编辑操作，合理地组织与排列对象能够有效地提高绘图的工作效率。如将多个图形对象组合在一起，使它们具有统一的属性，或者能够统一进行某种操作。

| 4.1 选择工具

"选择工具"是CorelDRAW X8中使用最频繁的工具之一，该工具不但可以选择单个或多个对象，还可以对其进行定位与变换、调节大小、旋转与倾斜、缩放与镜像这几种基本操作。

单击工具箱中的 "选择工具"，此时属性栏会变成该工具对应的属性选项，如图4-1所示。

A4	210.0 mm				单位: 毫米		1 mm		5.0 mm		
	297.0 mm								5.0 mm		

图4-1　选择工具属性栏

提　示

使用 "选择工具"选择不同对象时，属性栏会根据选择的对象进行改变。

其中的选项含义如下。

"所有对象视为已填充"：通过单击对象内部，可以选择未填充的对象。

| 4.2 对象的基本编辑

针对对象的最基本的编辑无非就是选择对象、定位对象、调节对象的大小、旋转与倾斜、缩放与镜像对象这几种对象的基本操作。

4.2.1 选择对象

选择对象是CorelDRAW X8中最常用的功能，在编辑处理一个对象之前，必须先将其选取，选取对象有多种方法，用户可以根据自己不同的目的来使用。如果要取消选择，只要在页面的其他位置单击鼠标或按键盘上的Esc键即可。

1. 直接选取

我们打开一幅包含多个对象的文档，如果要选取其中的一个对象，可以用直接选取法，在工具箱中选择 "选择工具"后，单击打开的多个对象上的某一个，将其直接选取，此时被选择的对象周围会出现选取框，如图4-2所示。

2. 多个对象选取

若要同时选中多个对象，则需使用 "选择工具"并按住Shift键，然后分别在需要选取的对象上单击鼠标即可，此时会在选择的多个对象上出现一个选取框，如图4-3所示。

图4-2 直接选取对象　　　　　　　　　图4-3 选择多个对象

3. 拖曳选取(框选)多个对象

使用框选可以选取一个或多个对象，使用 "选择工具"在要被选取的对象外围拖曳，此时会出来一个虚线的选框，松开鼠标后，在此虚线选框内的对象就被全部选取，如图4-4所示。

图4-4 框选对象

技 巧

如果想把文档中的所有对象一同选取，只需执行菜单"编辑"/"全选"/"对象"命令即可。使用 "手绘选择工具"在多个对象上拖动创建选取范围后，同样可以选择多个对象。

上机实战 **通过查找命令选择对象**

STEP 1 打开本书附带的"五角星"素材，如图4-5所示。

图4-5 打开文档

STEP 2 下面通过命令将圆形全部选取。执行菜单"编辑"/"查找并替换"/"查找对象"命令，打开"查找向导"对话框，选择"开始新的搜索"单选按钮，如图4-6所示。

STEP 3 单击"下一步"按钮，单击"对象类型"标签，再勾选"椭圆形"复选框，如图4-7所示。

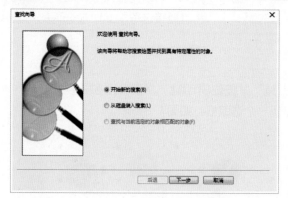

图4-6 "查找向导"对话框1

图4-7 "查找向导"对话框2

STEP 4 单击"下一步"按钮，再单击"完成"按钮，如图4-8所示。

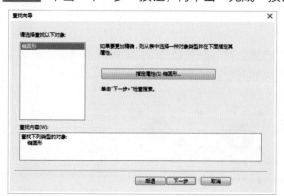

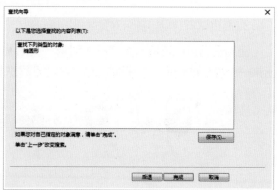

图4-8 "查找向导"对话框3

STEP 5 此时会在打开的文档中查找到一个椭圆形，如图4-9所示。

图4-9 查找

STEP 6 单击"查找全部"按钮，可以将所用的椭圆形一同选取，如图4-10所示。

图4-10 查找全部

4.2.2　调整对象的位置

在CorelDRAW X8的操作中，经常需要将对象移动位置，用户可以用鼠标自由地拖曳来移动对象位置，使用 "选择工具" 在要被移动的对象上单击并拖曳，在合适的位置松开鼠标即可移动位置，如图4-11所示。也可以使用属性栏或泊坞窗通过调整位置参数进行精确移动，还可以用键盘微调对象的位置。

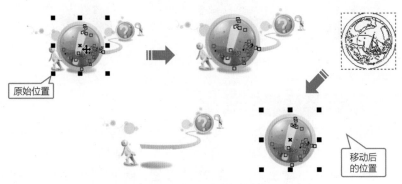

图4-11　用鼠标移动对象

4.2.3　调节对象的大小

在CorelDRAW X8中，调节对象大小的基本方法是用鼠标拖曳控制点完成，如图4-12所示。也可以直接在属性栏中输入参数进行精确调节。

图4-12　用鼠标调整对象

> **提　示**
>
> 运用鼠标调整对象的方式最简单，但也最不精确，调整时最好拖曳左上角、左下角、右上角、右下角的节点，这样被调整的对象才能保持等比例的缩放而不变形。

4.2.4　旋转与斜切对象

在CorelDRAW X8中，旋转与斜切对象的基本方法是用鼠标拖曳控制点完成，使用 "选择工具" 在选中的对象上双击鼠标，此时选中的对象处于旋转斜切状态，将光标移动到4个 "旋转" 符号处按下鼠标拖曳，松开鼠标即可将对象进行旋转；将光标移动到4个 "斜切" 符号处按下鼠标拖曳，松开鼠标即可将对象进行斜切，如图4-13所示。也可以直接在属性栏中输入参数进行精确旋转与斜切。

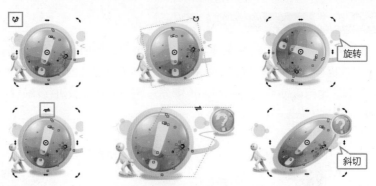

图4-13　用鼠标调整旋转与斜切

4.2.5　对象的翻转

在CorelDRAW X8中，可以将对象进行水平镜像翻转和垂直镜像翻转。打开一个需要镜像的文件，使用 "选择工具" 选中对象，单击属性栏中的 "水平镜像" 按钮，就可以将对象进行水平镜像翻转，如图4-14所示；单击 "垂直镜像" 按钮，就可以将对象进行垂直镜像翻转，如图4-15所示。

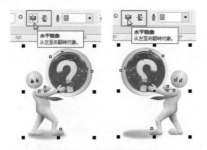

图4-14　水平镜像翻转

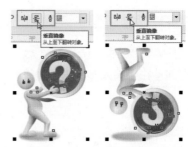

图4-15　垂直镜像翻转

4.3　对象的仿制与删除

在编辑处理对象的过程中，经常需要制作对象的副本，或将不需要的图形对象清除掉。本节将简要介绍一下CorelDRAW提供的复制、再制、仿制以及删除等功能的用法。

4.3.1　复制和粘贴对象

所谓复制就是将对象放在剪贴板上，必须经过粘贴才能在页面上产生复制后的对象，因此 "复制" 和 "粘贴" 是一对组合命令，两者缺一不可。对象的复制是绘图使用的基本技巧，同样这也是一个跨软件的功能，也就是说用户不仅可以将对象在本软件内进行复制，通过复制粘贴还可以将其粘贴到其他软件中。在同一个文档中进行复制与粘贴的具体操作如下。

上机实战　复制粘贴对象

STEP 1 在文档中使用工具箱中的 "选择工具" 选中需要复制的对象，如图4-16所示。

STEP 2 单击属性栏中的 "复制" 按钮，将对象进行复制，然后再单击属性栏中的 "粘贴" 按钮，将复制后的对象进行粘贴，然后使用鼠标将粘贴后的对象移动至原对象的右侧，如图4-17所示。

图4-16 选择对象　　　　　　　　　　图4-17 粘贴后的对象

技 巧

执行菜单"编辑"/"复制"命令或按Ctrl+C键，再执行菜单"编辑"/"粘贴"命令或按Ctrl+V键，来进行复制粘贴；选中对象后右击鼠标，在弹出的快捷菜单中选择"复制"命令，将光标移动到另外一个地点，右击鼠标，在弹出的快捷菜单中选择"粘贴"命令，即可粘贴复制的内容；选择对象后，按键盘上的"+"键，可以在原位复制一个副本；选中对象，按下鼠标左键向另一处拖曳，此时会出现一个蓝色线框图，直接右击鼠标就可以复制对象。

4.3.2 克隆对象

CorelDRAW X8中的"克隆"命令，可以快速将选取的对象进行复制，此时的副本会跟随主图进行变换，具体的克隆操作如下。

上机实战 克隆对象操作

STEP 1 使用 "选择工具"选中需要复制的对象，执行菜单"编辑"/"克隆"命令，将选中的对象进行仿制，如图4-18所示。

STEP 2 使用鼠标将仿制后的对象移动至合适位置，旋转主对象，则仿制对象也随之旋转，如图4-19所示。

图4-18 仿制对象　　　　　　　　图4-19 仿制对象随主对象一起旋转

4.3.3 再制对象

在CorelDRAW X8中，除了复制、克隆对象外，还有一个类似于复制的功能：再制。再制功能可以将对象复制到偏离初始位置右上角，从某种意义上讲，再制命令也就相当于"复制+粘贴"，具体的再制操作如下。

上机实战 **再制对象操作**

STEP 1 使用 "选择工具" 选中需要再制的对象,执行菜单 "编辑" / "再制" 命令或按Ctrl+D键,将选中的对象进行复制,默认效果如图4-20所示。

图4-20 再制对象1

STEP 2 使用 "选择工具" 选中需要再制的对象,将其水平向右拖曳一段距离后,右击鼠标,复制一个副本,再执行菜单 "编辑" / "再制" 命令,将选中的对象按照第一次复制的距离和方向进行复制,如图4-21所示。

图4-21 再制对象2

STEP 3 选择 "选择工具" 后,在属性栏中将 "再制距离" 的水平设置为0、垂直设置为120,如图4-22所示。再执行菜单 "编辑" / "再制" 命令,复制的对象会按照设置的再制距离进行复制,效果如图4-23所示。

A4		210.0 mm				单位 毫米		.1 mm	0 mm		
		297.0 mm							120 mm		

图4-22 设置再制属性 　　　　　　　　　　　　　　　　　　　　图4-23 再制对象

技 巧

通过设置"再制距离"进行复制对象时，正值会将其向右和向上复制，负值会将其向左和向下复制。

4.3.4 删除对象

如果在绘图过程中需要删除一些不需要的对象，可以选中对象后按键盘上的Delete键来进行删除；也可以执行菜单"编辑"/"删除"命令来删除不需要的对象。

4.4 变换对象

在CorelDRAW X8中，除了使用工具和属性进行变换对象外，还可以通过"变换"命令进行位置、旋转、镜像等方面的变换，执行菜单"对象"/"变换"命令，弹出变换子菜单，如图4-24所示。

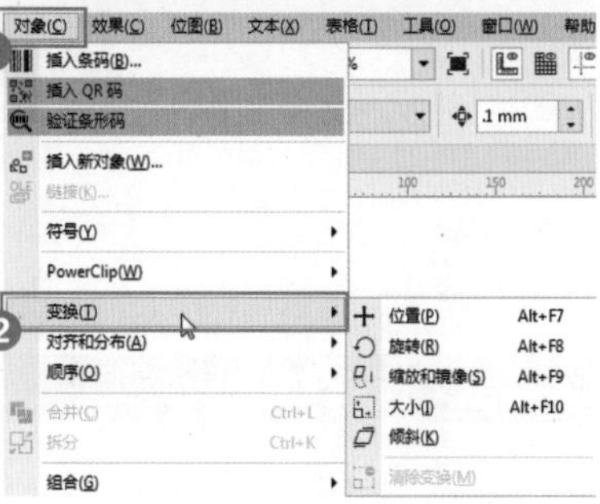

图4-24 "变换"命令菜单

4.4.1 位置变换

通过"位置"命令，可以精确变换对象的位置，执行菜单"对象"/"变换"/"位置"命令，打开"位置"变换泊坞窗，如图4-25所示。

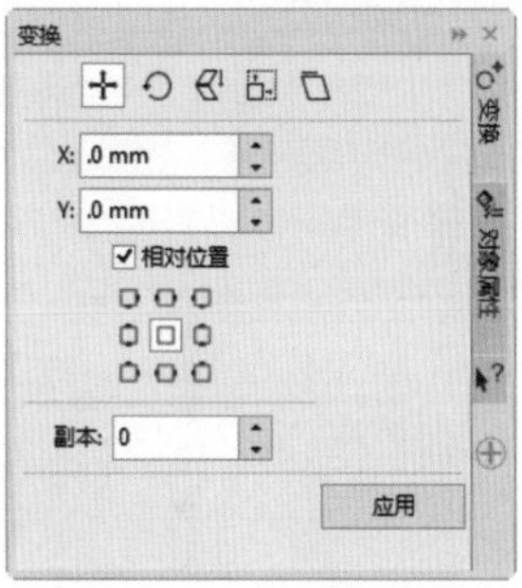

其中的各项含义如下。

★ **"位置坐标"**：用来设置变换对象时在坐标中的位置。

★ **"相对位置"**：以当前选取对象作为变换起点。

★ **"位置"**：快速定位变换位置的方向。

★ **"副本"**：用来设置复制对象的个数。

图4-25 位置变换

上机实战 通过位置变换快速复制对象

STEP 1 打开一个矢量图文档，选择对象将其移动到合适的位置，如图4-26所示。

STEP 2 执行菜单"对象"/"变换"/"位置"命令，打开"位置"变换泊坞窗，勾选"相对位置"复选框，单击"位置"中的"向右"图标，设置"副本"为4，如图4-27所示。

图4-26 选择对象

图4-27 设置参数

STEP 3 设置完毕单击"应用"按钮，此时会向右自动复制4个副本对象，如图4-28所示。

图4-28　复制对象1

> **提　示**
>
> 设置"副本"个数后，每单击一次"应用"按钮，都会按设置的个数再次应用一次，位置会自动延续，如图4-29所示。
>
>
>
> 单击两次"应用"按钮后
>
> 图4-29　复制对象2

4.4.2　旋转变换

通过"旋转"命令，可以精确按照旋转中心点旋转变换对象，执行菜单"对象"/"变换"/"旋转"命令，打开"旋转"变换泊坞窗，如图4-30所示。

其中的选项含义如下。

↻ .0　**"角度"：** 用来设置旋转变换对象时的角度，不同的角度效果如图4-31所示。

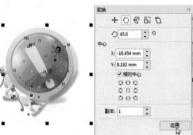
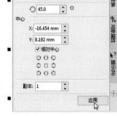
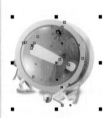
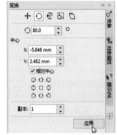

图4-30　旋转变换　　　　　　　　图4-31　不同角度的旋转复制

4.4.3　缩放与镜像变换

通过"缩放与镜像"命令，可以按指定百分比调整对象大小，并且生成镜像效果。执行菜单"对象"/"变换"/"缩放与镜像"命令，打开"缩放与镜像"变换泊坞窗，如图4-32所示。

其中的各项含义如下。

★　**"缩放对象"：** 用来设置对象变换的缩放大小。

★　**"按比例"：** 变换对象时保持对象的原始长宽比例。

图4-32　缩放与镜像变换

上机实战 **通过缩放与镜像变换来复制水平镜像对象**

STEP 1 打开一个矢量图文档,使用 "选择工具"选择老鼠对象并将其移动到合适的位置,如图4-33所示。

STEP 2 执行菜单"对象"/"变换"/"缩放与镜像"命令,打开"缩放与镜像"变换泊坞窗,其中的参数设置如图4-34所示。

STEP 3 设置完毕单击"应用"按钮,效果如图4-35所示。

图4-33 选择对象

图4-34 设置参数

图4-35 水平镜像

技 巧

在"缩放与镜像"变换泊坞窗中,将 "缩放对象"的参数进行更改,镜像复制后的效果会自动调整大小,如图4-36所示。

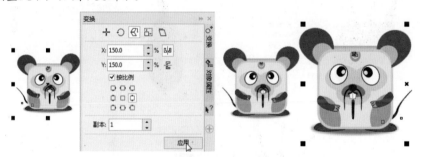
图4-36 缩放镜像

4.4.4 大小变换

通过"大小"命令,可以按指定尺寸调整对象大小。执行菜单"对象"/"变换"/"大小"命令,打开"大小"变换泊坞窗,如图4-37所示。

其中的选项含义如下。

"缩放对象": 用来设置对象变换的缩放大小,选择对象,重新设置"宽度",勾选"按比例"复选框,选择"右下",设置"副本"为1,单击"应用"按钮,效果如图4-38所示。

图4-37 大小变换

图4-38 缩放对象

4.4.5 倾斜变换

通过"倾斜"命令，可以将对象进行水平或垂直方向上的倾斜变换。执行菜单"对象"/"变换"/"倾斜"命令，打开"倾斜"变换泊坞窗，如图4-39所示。

其中的各项含义如下。

★ **"倾斜角度"**：用来设置对象变换的水平或垂直的倾斜角度，如图4-40所示。

图4-39 倾斜变换

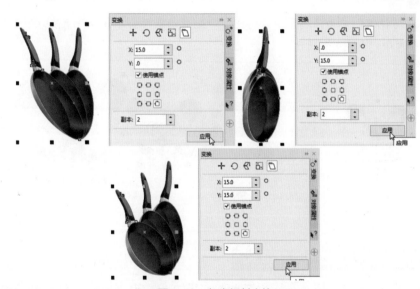

图4-40 角度倾斜变换

★ **"使用锚点"**：用来设置对象倾斜变换时中心点的定义位置。

4.5 安排对象的次序

在CorelDRAW X8中绘制的图形对象都存在着重叠关系，在通常情况下，图形排列顺序是由绘图过程中的绘制顺序决定的，当用户绘制第一个对象时，CorelDRAW X8会自动将其放置在最底层，以此类推，用户绘制的最后一个对象将被放置在最顶层，同样的几个图形对象，排列的顺序不同，所产生的视觉效果也不同，对象的次序可以通过"顺序"命令进行调整。

4.5.1 到页面前面

执行"到页面前面"命令，可以使所选择的对象移到当前图形所有对象的上方，存在图层时会变为最上方图层。

上机实战 | **将对象移动至最上方**

STEP 1 打开本书附带的"love兔"素材，如图4-41所示。

STEP 2 使用工具箱中的 "选择工具"选中中间的小白兔图形，如图4-42所示。

STEP 3 执行菜单"排列"/"顺序"/"到页面前面"命令，此时，被选中的小白兔对象已被移动至所有对象的上方，效果如图4-43所示。

图4-41 打开文档

图4-42 选择

图4-43 到页面最前面

技 巧

执行"到页面前面"命令也可以运用Ctrl+Home键。

4.5.2 到页面后面

执行"到页面后面"命令，可以将所选中的对象移动至当前对象的最下方，存在图层时会变为最下方图层。

上机实战 | **将对象移动至最后方**

STEP 1 打开本书附带的"love兔"素材，如图4-41所示。

STEP 2 使用工具箱中的 "选择工具"选中中间的小白兔图形，执行菜单"排列"/"顺序"/"到页面后面"命令，此时图形的效果如图4-44所示。

图4-44 到页面后面

技 巧

执行"到页面后面"命令也可以运用Ctrl+End键。

4.5.3 到图层前面

执行"到图层前面"命令，可以将选中的对象移动至当前图层的最上方，操作方法与到页面前面一致，前提是被操作的图形必须要在同一图层中。

> **技 巧**
>
> 执行"到图层前面"命令也可以使用Shift+PgUp键，该命令可以将选择的对象放置到当前图层的最前面。

4.5.4 到图层后面

执行"到图层后面"命令，可以将选中的对象移动至当前图层的最下方，操作方法与到页面后面一致，前提是被操作的图形必须要在同一图层中。

> **技 巧**
>
> 执行"到图层后面"命令也可以使用Shift+PgDn键，该命令可以将选择的对象放置到当前图层的最后面。

4.5.5 向前一层

执行"向前一层"命令，可以使被选中的对象向前移动一层。

上机实战 **将对象向前移动一层**

STEP 1 打开本书附带的"2020新春快乐"素材，如图4-45所示。

STEP 2 使用工具箱中的 "选择工具"选中如图4-46所示的"乐"字图形。

STEP 3 执行菜单"排列"/"顺序"/"向前一层"命令，此时选中的"乐"字图形上移了一层，效果如图4-47所示。

图4-45 素材

图4-46 选择

图4-47 改变顺序

> **技 巧**
>
> 执行"向前一层"命令也可以使用Ctrl+PgUp键。

4.5.6 向后一层

执行"向后一层"命令,可以使被选中的对象向后移动一层。

上机实战 **将对象向后移动一层**

STEP 1 ▶ 打开本书附带的"2020新春快乐"素材,如图4-45所示。

STEP 2 ▶ 使用工具箱中的 ▶ "选择工具"选中如图4-48所示的"新"字图形。

STEP 3 ▶ 执行菜单"排列"/"顺序"/"向后一层"命令,此时选中的"新"字图形下移了一层,效果如图4-49所示。

图4-48 选择图形　　　　　　图4-49 改变顺序

提 示

执行"向后一层"命令也可以使用Ctrl+PgDn键。

4.5.7 置于此对象前

执行"置于此对象前"命令,可以将所选择的对象放在指定对象的前面。

上机实战 **将对象放在指定对象的前面**

STEP 1 ▶ 打开本书附带的"love兔"素材,如图4-50所示。

STEP 2 ▶ 使用工具箱中的 ▶ "选择工具"选中如图4-51所示的右侧小白兔图形。

图4-50 素材　　　　　　　　图4-51 选择

STEP 3 ▶ 执行菜单"排列"/"顺序"/"置于此对象前"命令,此时光标已变为一个向右的大箭头 ➡,将其放置在中间小白兔上单击鼠标,如图4-52所示。

STEP 4 ▶ 完成后的效果如图4-53所示。

图4-52 鼠标位置

图4-53 改变顺序

4.5.8 置于此对象后

执行"置于此对象后"命令，可以将所选择的对象放在指定对象的后面。

上机实战 将对象放在指定对象的后面

STEP 1 打开本书附带的"love兔"素材，如图4-50所示。

STEP 2 使用工具箱中的 "选择工具"选中如图4-54所示的左侧小白兔图形。

STEP 3 执行菜单"排列"/"顺序"/"置于此对象后"命令，此时光标已变为一个向右的大箭头 ，将其放置在中间小白兔上单击鼠标，如图4-55所示。

STEP 4 完成后的效果如图4-56所示。

图4-54 选择　　　　　　　图4-55 鼠标位置　　　　　　　图4-56 改变顺序

4.5.9 逆序

执行"逆序"命令，可以将所选择对象的排列顺序进行逆转，最前面的变为最后面的，最后面的变为最前面的，选择多个对象后，执行菜单"对象"/"顺序"/"逆序"命令，效果如图4-57所示。

图4-57 逆序

4.6 锁定与解锁对象

在CorelDRAW X8中将对象进行锁定，可以对绘制的矢量图或导入的位图进行保护，期间不会对其应用任何操作。解锁可以把受保护的对象转换为可编辑状态。

4.6.1 锁定对象

在CorelDRAW X8中将对象锁定后，那么被锁定的对象就不能被进行移动复制或其他任何的操作，换句话说也就是将对象进行了保护。执行菜单"对象"/"锁定"/"锁定对象"命令，或选取对象后，在对象上右击鼠标，在弹出的快捷菜单中选择"锁定对象"命令，此时对象的控制点会变成🔒形状，如图4-58所示。

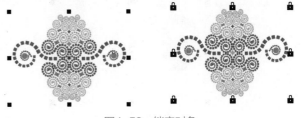

图4-58 锁定对象

> **技 巧**
>
> 被锁定的对象不能够再执行其他任何编辑。例如，执行菜单"对象"/"变换"/"旋转"命令，此时打开的"旋转"变换泊坞窗处于不可用状态。

4.6.2 解锁对象

在CorelDRAW X8中，当需要对已经锁定的对象进行编辑时，只要将其解锁即可恢复对象的属性，执行菜单"对象"/"锁定"/"解锁对象"命令，或在锁定对象上右击鼠标，在弹出的快捷菜单中选择"解锁对象"命令，此时对象的控制点会由🔒形状变成■形状，如图4-59所示。

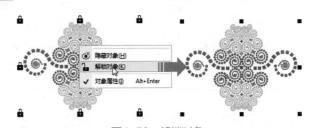

图4-59 解锁对象

4.7 对齐与分布

当页面上包含多个不同对象时，屏幕可能会显得杂乱不堪，此时需要对它们进行排列，为此CorelDRAW X8提供了一系列对齐与分布命令，使用这些命令可以自由地选择在绘图中对象的排列方式以及将它们对齐到指定的位置。

1. 左对齐

"左对齐"命令可以将选取的对象按左边框进行对齐，如图4-60所示。

图4-60 左对齐

2. 右对齐

"右对齐"命令可以将选取的对象按右边框进行对齐，如图4-61所示。

3. 顶端对齐

"顶端对齐"命令可以将选取的对象按顶边进行对齐，如图4-62所示。

图4-61　右对齐

图4-62　顶端对齐

4. 底端对齐

"底端对齐"命令可以将选取的对象按底边进行对齐，如图4-63所示。

图4-63　底端对齐

5. 水平居中对齐

"水平居中对齐"命令可以将选取的对象按垂直方向居中进行对齐，如图4-64所示。

6. 垂直居中对齐

"垂直居中对齐"命令可以将选取的对象按水平方向居中进行对齐，如图4-65所示。

图4-64　水平居中对齐

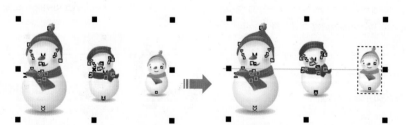

图4-65　垂直居中对齐

7. 在页面居中对齐

"在页面居中对齐"命令可以将选取的对象以文档页面的中心点进行对齐，如图4-66所示。

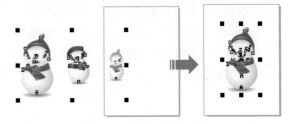

图4-66　在页面居中对齐

8. 在页面水平居中

"在页面水平居中"命令可以将选取的对象以文档页面的垂直中心线进行对齐，如图4-67所示。

9. 在页面垂直居中

"在页面垂直居中"命令可以将选取的对象以文档页面的水平中心线进行对齐，如图4-68所示。

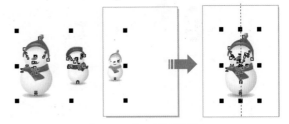

图4-67　在页面水平居中

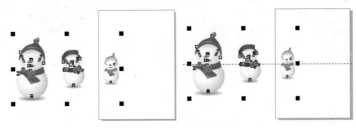

图4-68　在页面垂直居中

10. 对齐与分布

通过"对齐与分布"命令可以打开"对齐与分布"泊坞窗，在其中可以对选取的对象进行对齐与分布操作，如图4-69所示。

> **提　示**
>
> 分布对象时，一定要选择3个以上的对象才能进行分布操作。

其中的各项含义如下。

图4-69　"对齐与分布"泊坞窗

✦　**"对齐"**：用来设置选取对象的对齐位置。

✦　**"分布"**：用来设置选取对象的分布方法，框选对象后单击分布样式即可，如图4-70所示。

图4-70　分布对象

★ **"文本"**：用来设置选取多个文本对象时的对齐与分布方法，其中包括 ▦ "从第一条基线开始对齐与分布文本"、▦ "从最后一条基线开始对齐与分布文本"、Ⓐ "从边框起对齐和分布文本"、➕ "从轮廓起对齐和分布文本"。

★ **"对齐对象到"**：用来设置选取对象对齐的方式，如图4-71所示。

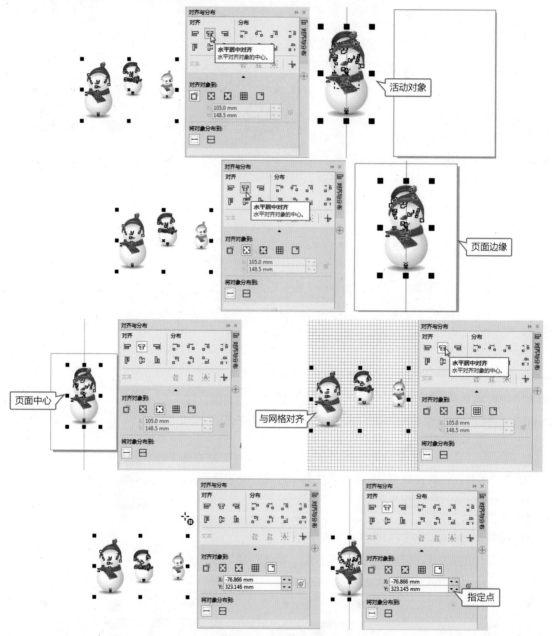

图4-71　对齐对象到

★ **"将对象分布到"**：用来设置选取多个对象是按照"选定的范围"分布，还是按照"页面范围"分布。

　　★ ▤ **"选定的范围"**：将对象分布排列在包围这些对象的边框内，如图4-72所示。

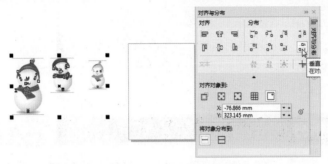

图4-72 选定的范围分布

★ "页面范围"：将对象分布排列在整个页面内，如图4-73所示。

图4-73 页面范围分布

4.8 群组与取消群组

群组是指把选中的两个或两个以上的对象捆绑在一起，形成一个整体，作为一个有机整体统一应用某些编辑格式或特殊效果。取消群组是和群组相对应的一个命令，可以将群组后的对象进行打散，使其恢复单独的个体。

4.8.1 将对象群组

群组以后，群组里面的每个对象都会保持原来的属性，移动其中的某一个对象，则其他的对象会一起移动，如果要几个群组后的对象填充统一颜色，那么只要选中群组的对象后单击需要填充的颜色即可，执行菜单"对象"/"组合"/"组合对象"命令，即可将选取的多个对象组合为一个群体。

4.8.2 将群组对象取消组合

"取消组合对象"可以将群组后的对象进行解散，它和"组合对象"相对应。"取消组合对象"只有在组合的基础上才能被激活。执行菜单"对象"/"组合"/"取消组合对象"命令，即可将选取的对象打散为多个独立体。

> **提 示**
>
> 如果对选取的对象进行组合之前，已经存在组合效果的对象，那么执行"取消组合对象"命令后，之前的组合效果还是存在的。

4.8.3 取消组合所有对象

"取消组合所有对象"可以将群组后的对象彻底进行解散,直接将其变为独立的个体,即使参与过两次以上的组合效果,也会被彻底打散。执行菜单"对象"/"组合"/"取消组合所有对象"命令,即可将选取的对象打散为多个独立体。

4.9 合并与拆分

使用合并与拆分命令可以将选取的对象合并为一个整体,再将其拆分后会将合并后的整体分离开来,成为一个全新的造型对象,这两个是相对应的一对命令。

4.9.1 将对象进行合并

"合并"命令是把不同的对象结合在一起,使其成为一个新的对象,结合的对象可以是分离开的,也可以是相互重叠的,相互重叠的对象进行结合后,重叠的部分会产生空洞。如果分离的对象结合后,其原来的位置保持不变,只是变为了统一的属性。执行菜单"对象"/"合并"命令,即可将选取的多个对象合并为一个对象,如图4-74所示。

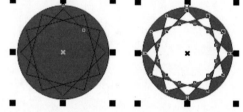

图4-74 合并后

4.9.2 将对象进行拆分

"拆分"命令不但可以将已经结合的对象进行拆分,还可以将立体化后的对象、艺术笔后的对象和带阴影的对象进行拆分,合并对象拆分后,会变成单个对象并且由大到小进行排列。执行菜单"对象"/"拆分曲线"命令,即可将之前合并为一个对象的个体拆分为之前的多个个体,删除上面的大对象会看到后面的小对象,如图4-75所示。

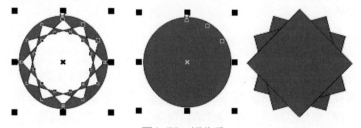

图4-75 拆分后

> **提 示**
>
> "拆分"命令会根据选择的对象不同而改变名称,例如为绘制画笔进行拆分时,会变为"拆分艺术笔组",如图4-76所示;为添加阴影的对象进行拆分时,会变为"拆分阴影群组",如图4-77所示。
>
>
>
> 图4-76 拆分艺术笔组   图4-77 拆分阴影群组

4.10 使用图层控制对象

使用图层可以更好地管理对象，执行排序、锁定、隐藏图层等常用的操作，"对象管理器"泊坞窗是进行图层管理的主要工具，使用它可以新建图层、删除图层，并在各个图层中复制、移动对象。

4.10.1 对象管理器

执行菜单"窗口"/"泊坞窗"/"对象管理器"命令，可打开当前图形的"对象管理器"泊坞窗，在该泊坞窗中显示了当前对象的相关属性，在默认的情况下，绘制的图形都处于同一个图层中，即"图层1"中，如图4-78所示。本节讲解一下图层在CorelDRAW X8中最常用的几项。

其中的各项含义如下。

图4-78 "对象管理器"泊坞窗

★ "显示对象属性"：单击此按钮，会在"对象管理器"泊坞窗中显示文档中绘制对象的属性，如图4-79所示。

★ "跨图层编辑"：单击此按钮，编辑对象时会把多图层中的对象都按照一个图层的方式进行编辑。

★ "图层管理器视图"：用来在"对象管理器"泊坞窗中显示内容，例如所有图层、对象或者当前图层，如图4-80所示。

★ "对象管理器选项"：用来编辑对象管理器的内容，单击此按钮会弹出一个编辑菜单，如图4-81所示。

图4-79 显示对象属性

图4-80 图层管理器视图

图4-81 对象管理器菜单

★ "新建图层"：在当前页面中新建图层。

★ "新建主页所有图层"：在主页中新建图层，如图4-82所示。

★ "新建主图层(奇数页)"：在奇数页面中新建图层，如图4-83所示。

★ "新建主图层(偶数页)"：在偶数页面中新建图层，如图4-84所示。

图4-82 主页中新建图层

图4-83　新建主页奇数所有图层　　　　　　　图4-84　新建主页偶数所有图层

★ 🗑 **"删除"**：单击此按钮，可以将选中的图层删除。

4.10.2 新建图层

　　在"对象管理器"泊坞窗中单击 🔲 "新建图层"按钮，即可新建一个图层，系统自动将其命名为"图层2"，如图4-85所示。

4.10.3 删除图层

　　在"对象管理器"泊坞窗中选中某一对象后，单击右下角的 🗑 "删除"按钮，可以将选中的对象删除。如果要删除某一图层，则需选中一个图层，然后单击 🗑 "删除"按钮，即可将该图层中的对象全部删除。

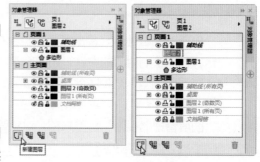

图4-85　新建图层

4.10.4 复制图层间的对象

　　如果要在图层间复制对象，选中需要复制的对象，然后单击"对象管理器"泊坞窗右上角的 ▶ "对象管理器选项"按钮，在弹出的菜单中选择"复制到图层"命令，如图4-86所示。此时光标形状会变为 ➡🔳，只要在"图层2"上单击鼠标，即可将选中的对象进行复制，如图4-87所示。

图4-86　在图层间复制对象

图4-87　复制后的"对象管理器"泊坞窗

| 4.11 综合练习：通过再制制作生肖日记本内页

由于篇幅所限，本章中的实例只介绍技术要点和简单的制作流程，具体的操作步骤读者可以根据本书附带的教学视频来学习。

实例效果图	技术要点
	★ 使用矩形工具绘制矩形 ★ 绘制扇形角矩形 ★ 应用椭圆形工具绘制正圆 ★ 复制图形 ★ 应用再制命令复制多个图形 ★ 导入素材 ★ 调整图形顺序

制作流程：

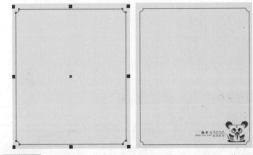

STEP 1 新建文档，绘制一个"宽度"为200mm、"高度"为240mm的黄色矩形。

STEP 2 绘制一个"转角半径"为5.5的"扇形角"矩形框，轮廓设置为1mm。导入本书附带的"鼠"素材放置到右下角。

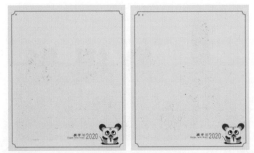

STEP 3 在左上角绘制一个正圆形，填充"粉色"，向右复制一个正圆对象。

STEP 4 选择复制的正圆，执行菜单"编辑"/"再制"命令或按Ctrl+D键，反复执行此命令，直到复制到右侧为止。

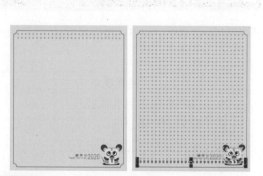

STEP 5 框选水平的所有正圆，向下复制一个副本后，按Ctrl+D键数次，直到复制到底部为止。

STEP 6 选择卡通老鼠，按Shift+PgUp键，调整顺序，至此本例制作完毕。

| 4.12 综合练习：通过合并命令制作挖空效果

实例效果图	技术要点
	★ 应用矩形工具绘制矩形
	★ 输入文字，拆分后调整位置和大小
	★ 应用合并命令制作镂空效果
	★ 绘制矩形轮廓框

制作流程：

STEP 1 新建文档，绘制一个矩形，随意填充一个颜色。

STEP 2 使用文本工具输入中文和英文的文字，拆分文字后调整位置。

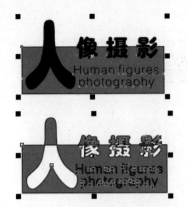

STEP 3 将文字和后面的矩形一同框选，执行
菜单"对象"/"合并"命令。

STEP 4 导入本书附带的"人像摄影"素材并
调整到最下层，将刚才合并后的对象拖动到素
材上面，填充"白色"。

STEP 5 在合并后的对象周围绘制一个白色矩形轮廓线，至此本例制作完毕。

4.13 练习与习题

1. 练习

(1) 练习改变图形的顺序。

(2) 练习图形的对齐和分布。

2. 习题

(1) 使用 (选择工具)在文档中选择多个图形时，除了框选外还可以按住键盘上的哪个键单击
进行多选？（ ）

    A. Enter键　　　　B. Esc键　　　　　C. Shift键　　　　　D. Ctrl键

(2) 按下面哪一个键，可以在当前使用的工具与 (选择工具)之间相互切换？

    A. Enter键　　　　B. 空格键　　　　　C. Shift键　　　　　D. Ctrl键

(3) 将图形变为不可编辑状态，可以应用以下哪个命令？（ ）

    A. 锁定　　　　　B. 向上一层　　　　C. 取消群组　　　　D. 合并

(4) 将选取对象向后移动一层的快捷键是？（ ）

    A. Shift+Ctrl键　　B. Ctrl+PgDn键　　C. Ctrl+PgUp键　　D. Shift+ PgDn键

第 5 章

图形与对象的编修

本章主要学习CorelDRAW X8对图形和对象的高级编辑，包括 "形状工具"、 "平滑工具"、 "涂抹工具"、 "转动工具"、 "吸引工具"、 "排斥工具"、 "沾染工具"、 "粗糙工具"、 "裁剪工具"、 "刻刀工具"、 "虚拟段删除工具"和 "橡皮擦工具"，以及对象造型、透镜和PowerClip。

| 5.1 形状工具

我们在使用CorelDRAW X8绘制图形时，不可能在不进行修改的情况下一次性完成，在绘制的过程中需要进行反复编辑与修改，才能将图形绘制得完美、漂亮，这就需要用到 "形状工具"。绘制一条曲线后，选择 "形状工具"，此时属性栏会变成该工具对应的属性效果，对于曲线的编辑命令全都出现在如图5-1所示的属性栏中。

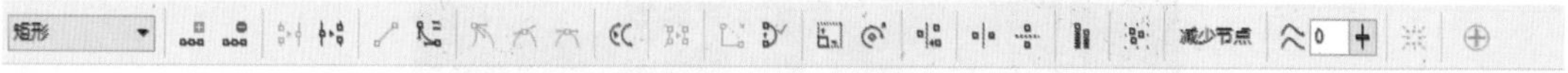

图5-1 形状工具属性栏

其中的各项含义如下。

★ "添加节点"：在对对象进行编辑时，有时会遇到因为节点数量不够，而得不到想要的形状，这时就需要增加节点来改变对象的形状，方法是使用 "形状工具"在曲线上选择一点后单击 "添加节点"按钮，即可为其添加一个节点，如图5-2所示。

图5-2 添加节点

> **提 示**
>
> 添加节点的另外方法是，选中两个或两个以上的节点，然后单击属性栏中的 "添加节点"按钮，也可以增加节点；使用 "形状工具"在曲线上双击，可以快速在双击的位置添加节点。

★ "删除节点"：在一条线段中，有时会因为节点太多而影响图形的平滑度，这时就需要删除一些多余的节点，在选择的节点上双击鼠标可以快速将节点删除，选择一个或多个节点后单击属性栏中的 "删除节点"按钮，即可将选中的节点删除，如图5-3所示。

图5-3　删除节点

> **技 巧**
>
> 选择一个或多个节点后，按键盘上的Delete键可以将选择的节点删除。

★ ⊞ **"连接两个节点"**：选择起始和结束的节点，通过⊞ "连接两个节点"可以将其转换为一个封闭图形，如图5-4所示。

图5-4　连接两个节点

★ ⊞ **"断开曲线"**：断开曲线可以将一条曲线分割为两条或两条以上的曲线。使用ϟ "形状工具"选中一个节点，然后单击属性栏中的⊞ "断开曲线"按钮，将曲线进行分割，分割后可使用ϟ "形状工具"将两个节点分开，形成两条曲线，如图5-5所示。

★ ✎ **"转换为线条"**：转换为线条是将曲线线段转换为直线线段，如图5-6所示。

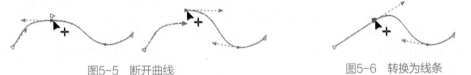

图5-5　断开曲线　　　　　　　　　　　　　　　图5-6　转换为线条

> **技 巧**
>
> 在对图形的编辑中经常会用到此功能，但是不能应用于起始节点。

★ ⅃ **"转换为曲线"**：转换为曲线和转换为线条是两个互补的功能，绘制直线后，使用⅃ "形状工具"选中一个节点，单击属性栏中的⅃ "转换为曲线"按钮，此时节点两侧的直线就可以转换为曲线，如图5-7所示。

★ ⅃ **"尖突节点"**：在编辑线条时，有时在拖动节点上的一个控制柄时，另一条控制杆也随着一起动，这时使用⅃ "尖突节点"命令后，拉动其中一边的控制杆，另一边的控制杆不会受到影响，如图5-8所示。

★ ⅃ **"平滑节点"**：通过将"尖突节点"转换为平滑节点，来提高曲线的圆滑度，⅃ "平滑节点"通常与⅃ "尖突节点"一起使用，如图5-9所示。

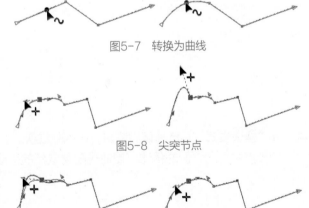

图5-7　转换为曲线

图5-8　尖突节点

图5-9　平滑节点

★ ☒ **"对称节点"**：将同一曲线形状应用到节点两侧，此项功能和 ☒ "平滑节点" 命令相似，唯一不同的是单击生成对称节点，节点两侧控制的距离始终相等。

★ ☒ **"反转方向"**：此项功能可以将绘制的曲线方向进行反转，起点变终点，终点变起点。

★ ☒ **"提取子路径"**：选择带有子路径对象上的一点，单击 ☒ "提取子路径" 按钮，即可将两个结合的路径单独拆分，此时可将其中的一个路径从上面移走，如图5-10所示。

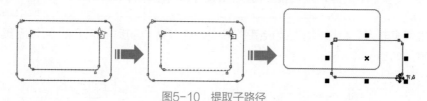

图5-10　提取子路径

★ ☒ **"延长曲线使之闭合"**：该功能只对曲线的起点和终点适用，选中曲线的起点和终点，单击属性栏中的 ☒ "延长曲线使之闭合" 按钮，两个端点间便自动用一条直线进行连接。

★ ☒ **"闭合曲线"**：此功能可将断开的曲线用直线自动连接起来，和 ☒ "延长曲线使之闭合" 按钮的作用基本一致。

> **提　示**
>
> 　　☒ "闭合曲线" 和 ☒ "延长曲线使之闭合" 略为不同的地方是 "延长曲线使之闭合" 选中的是起点与终点两个节点，而 "自动闭合曲线" 只要选中一个节点即可。

★ ☒ **"延展与缩放节点"**：此功能可以在绘制的曲线或形状上出现缩放变换框，拖动控制点即可对其进行缩放变换。

★ ☒ **"旋转与倾斜节点"**：此功能可以在绘制的曲线或形状上出现旋转变换框，拖动控制点即可对其进行旋转或斜切变换。

★ ☒ **"对齐节点"**：此功能可以将选择的曲线节点进行水平或垂直对齐，如图5-11所示。

★ ☒ **"水平反射节点"** / ☒ **"垂直反射节点"**：选择此功能后，拖动曲线控制点时，会出现对应该节点的水平或垂直反射，如图5-12所示。

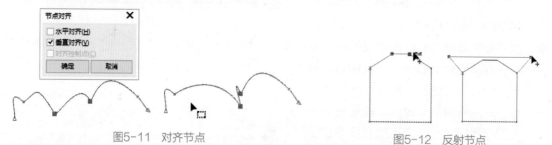

图5-11　对齐节点　　　　　　　　　　　　　　图5-12　反射节点

★ ☒ **"弹性模式"**：选择该功能时，进入弹性模式，移动节点时，其他被选节点将随着正在拖动的节点做不同比例的移动，使曲线随着鼠标的移动具有弹性、膨胀、收缩等特性，如图5-13所示。

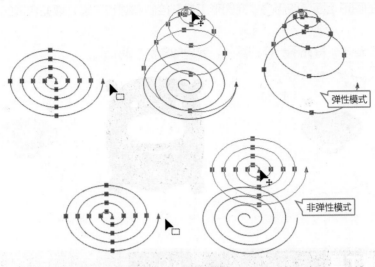

图5-13　弹性模式

★　▓ "**选择所有节点**"：此功能可以把曲线上的所有节点全部选取。

★　"**减少节点**"：选择此功能后，通过减少节点数量来调整曲线平滑度。

上机实战　**形状工具修改矩形制作卡通小猪**

STEP 1　新建空白文档，使用□ "矩形工具"绘制一个矩形，按Ctrl+Q键将其转换为曲线，如图5-14所示。

STEP 2　使用 "形状工具"在4个角边上双击添加8个节点，拖动节点调整形状，如图5-15所示。

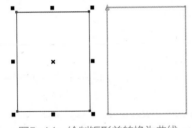

图5-14　绘制矩形并转换为曲线

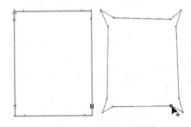

图5-15　添加节点调整

STEP 3　在属性栏中单击 "转换为曲线"按钮，拖动节点以及中间直线部分进行调整，如图5-16所示。

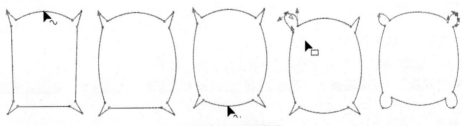

图5-16　调整曲线

STEP 4 在调整的图形上面，使用◯"椭圆形工具"绘制椭圆和正圆，填充合适的颜色，如图5-17所示。

STEP 5 复制一个副本，填充不一样的颜色，效果如图5-18所示。

图5-17　绘制椭圆并填充颜色

图5-18　填充颜色

5.2　平滑工具

"平滑工具"可以通过在曲线上涂抹将曲折的曲线变得更加平滑，如图5-19所示。

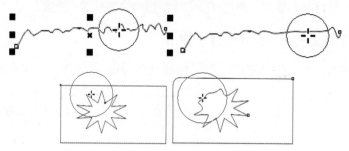

图5-19　平滑曲线

> **技　巧**
>
> 通过"平滑工具"在形状图形上进行涂抹后，可以直接将其转换为曲线并对其进行平滑处理。

单击工具箱中的"平滑工具"，此时属性栏会变成该工具对应的属性选项，如图5-20所示。

图5-20　平滑工具属性栏

其中的各项含义如下。

★ **"笔尖半径"**：用来设置"平滑工具"的笔尖大小。

★ **"速度"**：用来设置"平滑工具"应用效果的速度，数值越大，曲线变平滑的速度越快。

★ **"笔压"**：用来连接数位板后，设置数位笔的绘画压力。

| 5.3 涂抹工具

使用 📈 "涂抹工具"可以使曲线轮廓变得扭曲，并且会在扭曲的部分生成若干个节点，方便用户对曲线扭曲的形状进行编辑调整，涂抹工具可以对组合对象进行操作，如图5-21所示。

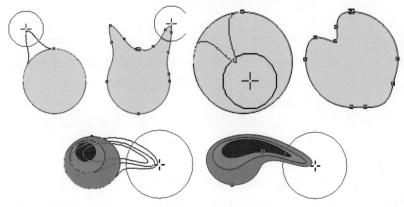

图5-21 涂抹

单击工具箱中的 📈 "涂抹工具"，此时属性栏会变成该工具对应的属性选项，如图5-22所示。

图5-22 涂抹工具属性栏

其中的各项含义如下。

★ 🖊 85 ➕ "压力"：用来设置涂抹的力度，数值越大，效果越强。

★ ❯ "平滑涂抹"：将边缘以平滑曲线的方式进行涂抹。

★ ❯ "尖状涂抹"：将边缘以带尖角曲线的方式进行涂抹。

上机实战 **涂抹工具进行平滑涂抹与尖状涂抹**

STEP 1 新建空白文档，使用 ◯ "椭圆形工具"绘制一个正圆，将其填充为"橘色"，选择 📈 "涂抹工具"后单击属性栏中的 ❯ "平滑涂抹"，在正圆右侧进行涂抹，如图5-23所示。

STEP 2 单击属性栏中的 ❯ "尖状涂抹"，在正圆左侧进行涂抹，如图5-24所示。

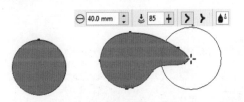

图5-23 平滑涂抹

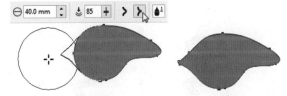

图5-24 尖状涂抹

| 5.4 转动工具

🌀 "转动工具"可以在CorelDRAW X8中的图形或群组的对象上，通过按住鼠标左键的方式进行旋转扭曲，如图5-25所示。

CorelDRAW X8 平面设计与制作教程

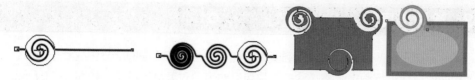

图5-25 转动

技 巧

在使用 "转动工具" 旋转对象时，一定要确保被旋转的对象处于选取状态。根据需要旋转的强度我们可以自行调整按鼠标的时间，时间越长，圈数越多；时间越少，圈数越少。

单击工具箱中的 "转动工具"，此时属性栏会变成该工具对应的属性选项，如图5-26所示。

其中的各项含义如下。

★ ⟲ **"逆时针转动"**：用来设置 "转动工具" 以逆时针方向旋转，如图5-27所示。

★ ⟳ **"顺时针转动"**：用来设置 "转动工具" 以顺时针方向旋转，如图5-28所示。

图5-26 转动工具属性栏

图5-27 逆时针转动　　　　　图5-28 顺时针转动

5.5 吸引工具

"吸引工具" 可以在CorelDRAW X8中的单个图形或多个对象上应用，通过按下或拖曳鼠标左键的方式将节点吸引到光标中心处来调节对象的形状，就是将对象进行收缩处理，如图5-29所示。

图5-29 按住鼠标进行吸引

技 巧

在使用 "吸引工具" 的时候，被吸引的对象边缘轮廓必须在光标范围内，才能看到吸引效果。

84

单击工具箱中的 "吸引工具"，此时属性栏会变成该工具对应的属性选项，如图5-30所示。

图5-30 吸引工具属性栏

| 5.6 排斥工具

"排斥工具"可以在CorelDRAW X8中的单个图形或多个对象上应用，通过按下或拖曳鼠标左键的方式将节点推离光标边缘处来调节对象的形状，说白了就是将对象进行膨胀处理，如图5-31所示。

图5-31 按住鼠标进行排斥

技 巧

在使用 "排斥工具"的时候，光标中心点如果在对象内部，会向外鼓出变形；光标中心点如果在对象外部，会向内凹陷变形。

单击工具箱中的 "排斥工具"，此时属性栏会变成该工具对应的属性选项，如图5-32所示。

图5-32 排斥工具属性栏

| 5.7 沾染工具

"沾染工具"可以在CorelDRAW X8中使曲线轮廓变得扭曲，并且会在扭曲的部分生成若干个节点，方便用户对曲线扭曲的形状进行编辑调整，使用方法是在选择的对象上按住鼠标左键进行涂抹，对象轮廓会根据鼠标经过方向进行推移变形，如图5-33所示。

图5-33　使用沾染工具进行变形

技 巧

　　使用 ⬚ "沾染工具" 不但可以对封闭的对象进行涂抹操作，还可以对绘制的曲线或线段进行涂抹。在封闭对象中使用 ⬚ "沾染工具" 涂抹时，如果贯穿整个对象，被贯穿的对象并没有被切割。

　　单击工具箱中的 ⬚ "沾染工具"，此时属性栏会变成该工具对应的属性选项，如图5-34所示。

图5-34　沾染工具属性栏

其中的各项含义如下。

★ ⬚ "笔压"：连接数位板和数位笔时，可以根据画笔压力调整涂抹效果的宽度。

★ ⬚ "干燥"：用来设置涂抹的宽窄效果，数值为-10~10，当数值为0时，涂抹的画笔从头到尾宽窄一致；当数值为-10时，随着画笔的移动会将涂抹效果变宽；当数值为10时，随着画笔的移动会将涂抹效果变窄，如图5-35所示。

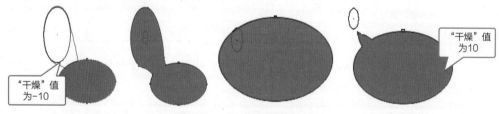

图5-35　"干燥"值为-10和10

★ ⬚ "使用笔倾斜"：连接数位板和数位笔时，可以根据画笔绘画时的角度调整涂抹效果的形状。

★ ⬚ "笔倾斜"：设置的数值越大，笔头就越圆滑，设置范围为15~90。

★ ⬚ "笔方位"：以固定的数值更改沾染画笔的方位。

5.8　粗糙工具

　　⬚ "粗糙工具"可以在CorelDRAW X8中对曲线的轮廓进行粗糙处理，将曲线的轮廓处理为锯齿状，使用方法是在选择的对象上按住鼠标左键进行涂抹，对象轮廓会根据鼠标经过方向进行锯齿状粗糙变形，如图5-36所示。

图5-36　使用粗糙工具涂抹

单击工具箱中的 🖌 "粗糙工具"，此时属性栏会变成该工具对应的属性选项，如图5-37所示。

图5-37　粗糙工具属性栏

其中的选项含义如下。

🖌 "**尖突的频率**"：用于调节笔刷的尖突频率，其范围为1~10，数值越大，尖突的密度越大；数值越小，尖突的密度越小。

上机实战　粗糙工具改变小人发型

STEP 1 新建空白文档，导入本书附带的"萌态Q人"素材，如图5-38所示。

STEP 2 使用 🖌 "粗糙工具"在属性栏中设置参数，再选择小人的头发，如图5-39所示。

STEP 3 使用 🖌 "粗糙工具"在头发处从左向右拖曳鼠标，如图5-40所示。

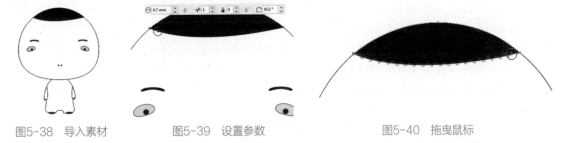

图5-38　导入素材　　　　图5-39　设置参数　　　　　　图5-40　拖曳鼠标

STEP 4 此时小人的发型发生了变化，如图5-41所示。

图5-41　粗糙工具调整后

5.9　裁剪工具

在CorelDRAW X8中，🔪 "裁剪工具"可以对绘制的矢量图、群组的对象甚至是导入的位图进行剪裁，最后只保留裁剪框以内的区域，如图5-42所示。

图5-42 裁剪

　　使用 🔧 "裁剪工具"进行剪裁时，绘制的裁剪框可以调整大小和旋转任意角度，还可以移动裁剪框所在的位置；使用 🔧 "裁剪工具"进行剪裁时，可以把页面中只要不在裁剪框内的对象全部剪切掉，创建的裁剪框只要按Esc键就可取消。

　　单击工具箱中的 🔧 "裁剪工具"，此时属性栏会变成该工具对应的属性选项，如图5-43所示。

| X: -398.021 mm | ⬌ 68.439 mm | ↻ .0 ° ⊙ 🔧 ⊕ |
| Y: 71.73 mm | ⬍ 55.033 mm | |

图5-43 裁剪工具属性栏

　　其中的各项含义如下。

★ X: -49.626 mm / Y: -45.269 mm "裁剪位置"：手动输入数值，可以精准定位裁剪的区域。

★ ⬌ 70.574 mm / ⬍ 73.515 mm "裁剪大小"：手动输入数值，可以准确裁剪对象的尺寸大小。

★ ↻ .0 ° "裁剪角度"：手动输入0°~360°任意数值，可以旋转画出的矩形区域。

★ 🔧 "清除裁剪选取框"：若想取消裁剪选取框，则单击此按钮。

上机实战 通过裁剪工具进行重新构图

STEP 1 执行菜单"文件"/"打开"命令，打开本书附带的"十二生肖-猪"素材，如图5-44所示。

STEP 2 使用 ▶ "选择工具"将图形和文本进行位置移动，如图5-45所示。

图5-44 打开素材

图5-45 移动对象

STEP 3 使用 "裁剪工具"在图形上绘制一个裁剪框，如图5-46所示。

STEP 4 按Enter键完成裁剪，至此完成实战讲解，效果如图5-47所示。

图5-46 绘制一个裁剪框

图5-47 裁剪后

5.10 刻刀工具

🔲 "刻刀工具"可以在CorelDRAW X8中将对象分割成多个部分，但是不会使对象的任何一部分消失，不但可以编辑路径对象，而且还可以编辑形状对象和位图。

5.10.1 直线分割

🔲 "刻刀工具"在对矢量图或位图进行直线分割时，只需要在一条边上当光标变为 形状时按下鼠标，移动到另一端时单击鼠标，完成切割，如图5-48所示。

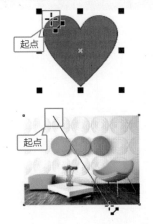

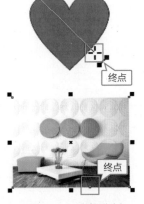

图5-48 直线分割

5.10.2 ▶ 曲线分割

▶ "刻刀工具"在对矢量图或位图进行曲线分割时，只需要在一条边上当光标变为 ⬙ 形状时按下鼠标，在图形上进行随意拖曳，到另一边缘处时单击鼠标，完成切割，如图5-49所示。

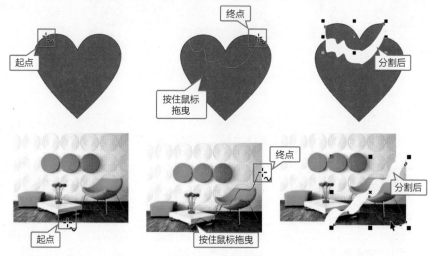

图5-49 曲线分割

单击工具箱中的 ▶ "刻刀工具"，此时属性栏会变成该工具对应的属性选项，如图5-50所示。

图5-50 刻刀工具属性栏

其中的各项含义如下。

★ ✎ **"两点线模式"**：以直线的方式进行切割。

★ ⬙ **"手绘模式"**：沿手绘曲线进行切割。

★ ✎ **"贝塞尔模式"**：沿贝塞尔曲线进行切割。

★ ⬙ **"剪切时自动闭合"**：闭合分割对象形成的路径。

┃ 5.11 虚拟段删除工具　🔍

使用 ⬙ "虚拟段删除工具"，可以在CorelDRAW X8中删除相交对象中两个交叉点之间的线段，从而产生新的图形形状，在相交的区域内，只要使用 ⬙ "虚拟段删除工具"放在有节点的线段上，当光标变为 ⬙ 形状后单击，即可将其删除，如图5-51所示。

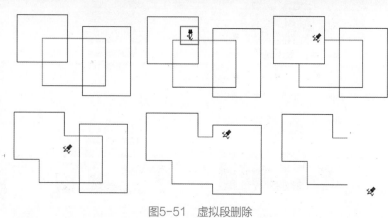

图5-51 虚拟段删除

| 5.12　橡皮擦工具

"橡皮擦工具"可以在CorelDRAW X8中改变、分割选定的对象或路径，在对象上拖动，可以擦除对象内部的一些图形，而且对象中被破坏的路径会自动封闭。处理后的图形对象和处理前具有同样的属性。

单击工具箱中的 "橡皮擦工具"，此时属性栏会变成该工具对应的属性选项，如图5-52所示。

图5-52　橡皮擦工具属性栏

其中的各项含义如下。

★ **"形状"**：应用圆形笔尖和方形笔尖时，所移除的区域是以圆形或正方形为基底来移除的，如图5-53所示。

★ **"橡皮擦厚度"**：用来控制橡皮擦笔头的大小。

★ **"减少节点"**：单击此按钮，可以在擦除时自动去除多余的节点，如图5-54所示。

图5-53　圆形和方形　　　　　　　　　图5-54　减少节点

上机实战　擦除曲线

STEP 1 新建空白文档，使用 "手绘工具"绘制一条曲线，如图5-55所示。

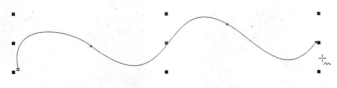

图5-55　绘制曲线

STEP 2 使用 "橡皮擦工具"，属性栏采取默认值即可，然后在绘制的曲线上按下鼠标并拖曳，鼠标经过的路径，曲线已被擦除，如图5-56所示。

图5-56　擦除中间的曲线

> **提 示**
> 曲线虽然已经被擦除，但是擦除后仍旧为一个对象。

上机实战 **擦除图形或位图**

STEP 1▸ 新建空白文档，使用□"矩形工具"在页面中绘制一个矩形，将其填充为"红色"，如图5-57所示。

STEP 2▸ 使用▣"橡皮擦工具"，属性栏采取默认值即可，然后在绘制的矩形上按下鼠标并拖曳，鼠标经过的区域已被擦除，如图5-58所示。

图5-57　绘制矩形

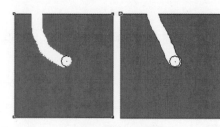

图5-58　擦除图形

> **提 示**
> ▣"橡皮擦工具"只能对单一的对象进行擦除，而不能将群组后的对象进行擦除。

STEP 3▸ 导入本书附带的"蜻蜓"素材，如图5-59所示。

STEP 4▸ 使用▣"橡皮擦工具"在导入的素材上按下鼠标，拖曳鼠标移动位置，此时会发现鼠标经过的区域已被擦除，效果如图5-60所示。

图5-59　素材

图5-60　擦除位图

5.13　对象的造型

　　对象的造型就是通过合并、修剪、相交、简化、移除后面对象、移除前面对象等功能将两个或两个以上的对象重新组合成新形状，这几项功能可以在重叠对象中快速地产生各种不同形状的新对象，具体可以通过执行菜单"对象"/"造型"命令，在弹出的子菜单中通过相应命令进行整形；还可以通过执行菜单"对象"/"造型"/"造型"命令，打开"造型"泊坞窗，在泊坞窗中通过选择命令进行整形。

执行菜单"窗口"/"泊坞窗"/"造型"命令，同样可以打开"造型"泊坞窗。在菜单中的"合并"命令与"造型"泊坞窗中的"焊接"属于一个命令。

5.13.1 合并对象

合并对象是将两个或两个以上的对象焊接在一起，形成一个新对象。合并后的对象是一个独立的对象，其填充、轮廓属性和指定的目标对象相同，选择两个对象后，执行菜单"对象"/"造型"/"合并"命令，即可将其焊接为一个对象，如图5-61所示。

图5-61 合并后

技 巧

将两个对象进行合并后，如果两个对象颜色不同，焊接后会将两个对象的颜色统一成后面对象的颜色。

上机实战 通过合并绘制卡通小鸡

STEP 1 新建空白文档，使用○"椭圆形工具"绘制一个椭圆，按Ctrl+Q键将椭圆转换为曲线，使用〻"形状工具"调整椭圆形状，如图5-62所示。

STEP 2 复制图形，调整大小移动到顶部，再复制两个分别进行调整，如图5-63所示。

STEP 3 框选所有对象，执行菜单"对象"/"造型"/"合并"命令，将对象合并为一个整体，再将轮廓加宽，如图5-64所示。

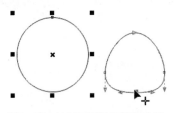

图5-62 绘制正圆并转换为曲线

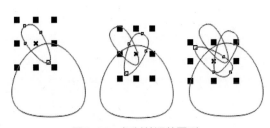

图5-63 复制并调整图形

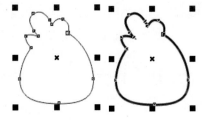

图5-64 合并

STEP 4 将合并后的对象填充"黄色"，再绘制5个椭圆作为眼睛、嘴巴和腮红，效果如图5-65所示。

STEP 5 使用 ✐"贝塞尔工具"在嘴巴中间绘制一条曲线，效果如图5-66所示。

STEP 6 框选所有对象后调出变换框，将其进行旋转，绘制一个灰色椭圆作为阴影，调整到最后一层，使用 ✚"文本工具"输入一个问号，效果如图5-67所示。

图5-65　绘制椭圆并填充颜色　　　　图5-66　绘制曲线　　　　图5-67　最终效果

5.13.2　修剪对象

修剪功能可以去掉与其他对象的相交部分，从而达到更改对象形状的目的。对象被修剪后，填充和轮廓属性保持不变，在页面中框选绘制的两个对象，执行菜单"对象"/"造型"/"修剪"命令，会通过上面的对象修剪掉后面对象与之相交的区域，如图5-68所示。

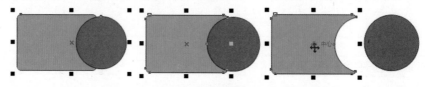

图5-68　修剪后

技　巧

"修剪"命令不能应用于段落文本、尺度线、仿制的源对象，但可以修剪仿制对象；在泊坞窗中进行修剪时，可以对多个对象进行逐个修剪，也可以通过底层的对象修剪上层的对象，在修剪时还可以保留源对象或目标对象。

5.13.3　相交对象

相交功能可以创建一个以对象重叠区域为内容的新对象。新对象的尺寸和形状与重叠区域完全相同，其颜色和轮廓属性取决于目标对象，在页面中框选绘制的两个对象，执行菜单"对象"/"造型"/"相交"命令，会将两个对象相交的区域变为一个新的对象，选择相交区域填充一种颜色，可以看得更加清晰，如图5-69所示。

图5-69　相交后

5.13.4　简化对象

简化功能可以减去后面对象和前面对象重叠的部分，并保留前面对象和后面对象的状态。对于复杂的绘图作品，使用该功能可以有效地减小文件的大小，而不影响作品的外观。在页面中框选绘制的两个对象，执行菜单"对象"/"造型"/"简化"命令，会将两个对象相交的区域刨除，如图5-70所示。

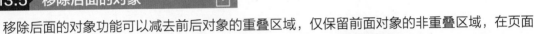

图5-70　简化

5.13.5 移除后面的对象

移除后面的对象功能可以减去前后对象的重叠区域，仅保留前面对象的非重叠区域，在页面中框选绘制的两个对象，执行菜单"对象"/"造型"/"移除后面的对象"命令，会通过后面的对象修剪与前面对象相重叠的区域，并将后面对象整体修剪掉，如图5-71所示。

图5-71　移除后面的对象

5.13.6 移除前面的对象

移除前面的对象功能可以减去前后对象的重叠区域，仅保留后面对象的非重叠区域，在页面中框选绘制的两个对象，执行菜单"对象"/"造型"/"移除前面的对象"命令，会通过前面的对象修剪与后面对象相重叠的区域，并将前面对象整体修剪掉，如图5-72所示。

图5-72　移除前面的对象

5.13.7 边界

边界功能可以用多个对象创建一个新对象，围绕在选定对象的周围。在页面中框选绘制的所有对象，执行菜单"对象"/"造型"/"边界"命令，会在框选的所有对象基础之上新建一个合并后的外轮廓，如图5-73所示。

图5-73　创建边界

5.14 透镜命令

透镜效果运用了相机镜头的某些原理，使对象在镜头的影响下产生各种不同类型的效果，透镜只能改变对象本身的观察方式，并不能改变对象的属性。CorelDRAW X8中透镜效果有12种，每一种类型的透镜都有自己的特色，能使位于透镜下的对象显示出不同的效果，执行菜单"效果"/"透镜"命令，即可打开"透镜"泊坞窗，如图5-74所示。

图5-74　"透镜"泊坞窗

其中的各项含义如下。

★ **"冻结"**：勾选该复选框，可以将应用透镜效果对象下面的其他对象所产生的效果添加成透镜效果的一部分，不会因为透镜或者对象的移动而改变该透镜效果，如图5-75所示。

图5-75　冻结

★ **"视点"**：该参数的作用是在不移动透镜的情况下，只弹出透镜下面的对象的一部分。当选中该复选框时，其右边会出现一个编辑按钮，单击此按钮，则在对象的中心会出现一个"×"标记，此标记代表透镜所观察到对象的中心，拖动该标记到新的位置或在"透镜"泊坞窗中输入该标记的坐标位置值。单击"应用"按钮，则可观察到以新视点为中心的对象的一部分透镜效果，如图5-76所示。

图5-76　视点

★ **"移除表面"**：选中此复选框，则透镜效果只显示该对象与其他对象重合的区域，而被透镜覆盖的其他区域则不可见。

5.14.1　应用透镜

透镜可以应用在任何封闭的图像上，也可以用来观察位图的效果，透镜不能应用在已经进行了立体化、轮廓图、交互式调和效果的对象上。如群组的对象要制作透镜效果，则必须将其取消群组，本节讲解透镜的使用方法，具体操作如下。

上机实战　使用透镜

STEP 1 新建空白文档，导入本书附带的"咖啡"素材，使用○"椭圆形工具"在导入素材的上方绘制一个正圆，并填充为"黄色"，如图5-77所示。

图5-77　导入素材并绘制正圆

STEP 2 执行菜单"效果"/"透镜"命令，打开"透镜"泊坞窗，单击"透镜"泊坞窗中的🔓按钮，使其处于锁定状态🔒，然后单击泊坞窗中的"透镜效果"下拉面板，选择"色彩限度"透镜效果，如图5-78所示。

图5-78　"透镜"泊坞窗

STEP 3 选择"色彩限度"透镜效果后，会发现此时照片中绘制的正圆处变成了限制的颜色，如图5-79所示。

图5-79　应用透镜效果

5.14.2 透镜类型

使用菜单栏中的"透镜"命令，可以得到许多特殊效果，如局部的变亮、变暗、放大等效果。CorelDRAW X8透镜效果有12种，每一种类型的透镜都有自己的特色，能使位于透镜下的对象显示出不同的效果。

1. 无透镜效果

消除已应用的透镜效果，恢复对象的原始外观。

2. 变亮

该透镜可以控制对象在透镜范围内的亮度。"比率"的数值范围为-100%~100%，正值使对象增亮，负值使对象变暗，如图5-80所示。

3. 颜色添加

该透镜可以为对象添加指定的颜色，就像在对象的上面加上一层有色滤镜一样。该透镜以红、绿、蓝三原色为亮色，这3种色相结合的区域则产生白色。"比率"的数值范围为0%~100%。数值越大，透镜颜色越深，反之则浅，如图5-81所示。

4. 色彩限度

使用该透镜时，将把对象上的颜色都转换为指定的透镜颜色弹出显示。"比率"选项可设置转换为透镜颜色的比例，百分比值范围为0%~100%，如图5-82所示。

5. 自定义彩色图

选择该透镜，可以将对象的填充色转换为双色调。转换颜色是以亮度为基准，用设定的起始颜色和终止颜色与对象的填充色对比，再反转而成弹出显示的颜色。在"颜色间级数"下拉列表中可以选择"直接调色板"和"向前的彩虹"选项，指定使用两种颜色间透镜的效果，如图5-83所示。

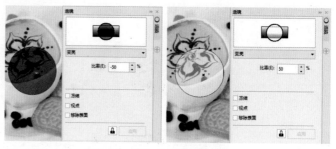

图5-80 变亮

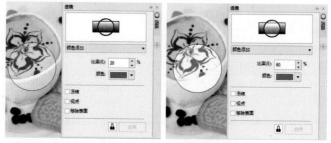

图5-81 颜色添加

图5-82 色彩限度

图5-83 自定义彩色图

6. 鱼眼

鱼眼透镜可以使透镜下的对象产生扭曲的效果。通过改变"比率"文本框中的值来设置扭曲的程度，设置范围是-1000%~1000%。数值为正时向外突出，数值为负时向内下陷，如图5-84所示。

图5-84　鱼眼

提 示

"透镜"泊坞窗中的"鱼眼"不能应用到位图中。

7. 热图

该透镜用于模拟为对象添加红外线成像的效果。弹出显示的颜色由对象的颜色和调色板旋转中的数值决定，其旋转参数的范围为0%~100%。色盘的旋转顺序为白、青、蓝、紫、红、橙、黄，如图5-85所示。

8. 反转

该透镜是通过按CMYK模式将透镜下对象的颜色转换为互补色，从而产生类似相片底片的特殊效果，如图5-86所示。

图5-85　热图　　　　　　　　　　　　　　　图5-86　反转

9. 放大

应用该透镜可以产生放大镜一样的效果。在"数量"文本框中设置放大倍数，取值范围为0~100。数值在0~1之间为缩小，数值在1~100之间为放大，如图5-87所示。

图5-87　放大

10. 灰度浓淡

应用该透镜可以将透镜下的对象颜色转换成透镜色的灰度等效果，如图5-88所示。

图5-88　灰度浓淡

11. 透明度

应用该透镜时，就像透过有色玻璃看物体一样。在"比率"文本框中可以调节有色透镜的透明度，取值范围为0%~100%。在"颜色"下拉列表中可以选择透镜颜色，如图5-89所示。

12. 线框

应用该透镜可以用来显示对象的轮廓，并可为轮廓指定填充色。在"轮廓"下拉列表中可以设置轮廓线的颜色；在"填充"下拉列表中可以设置对象填充的颜色，如图5-90所示。

图5-89　透明度　　　　　　　　　　　　　　　　　图5-90　线框

> **提　示**
>
> "透镜"泊坞窗中的"线框"不能应用到位图中。

5.14.3　清除透镜

清除透镜的方法很简单，只要选中被添加透镜对象上方的闭合曲线，按键盘上的Delete键，将其删除即可。

5.15　PowerClip

在CorelDRAW X8中，任何一个图像或图形都可以作为内容放入容器内，使对象按目标对象的外形进行精确剪裁，它可用来进行图像编辑、版式安排等。不过作为容器的对象必须是封闭的，如矩形、圆形、多边形、美术文本等。

5.15.1 置于图文框内部

使用"置于图文框内部"命令，可以将一个对象很精确地放置在另一个对象中，在这个操作过程中，被内置的对象称为精确剪裁对象，具体的操作方法如下。

上机实战 **将对象置于形状图形内部**

STEP 1 新建空白文档，在工具箱中选择 ⧉"基本形状工具"，单击其属性栏中的 ♡"完美形状"按钮，在弹出的下拉面板中选择"心形"图案，在页面中绘制一个心形，如图5-91所示。

STEP 2 单击标准工具栏中的 ⬇"导入"按钮，导入本书附带的位图图片，如图5-92所示。

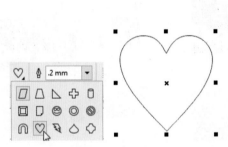

图5-91 绘制心形

图5-92 素材

STEP 3 确认导入的图片处于被选择状态，执行菜单"对象"/ PowerClip /"置于图文框内部"命令，此时光标形状变为一个向右的大箭头 ➡，如图5-93所示。

STEP 4 将光标放置在绘制的心形图案上单击鼠标，此时会将导入的素材放置到心形图案内部，效果如图5-94所示。

图5-93 执行命令

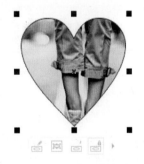

图5-94 应用命令

技 巧

将对象直接放置到容器内，还可以通过使用鼠标右键拖曳图像到容器内，当光标变为 ⊕ 形状时，松开鼠标，在弹出的快捷菜单中选择"PowerClip内部"命令。

5.15.2 编辑内容

在置入对象后，我们可以通过菜单命令进行编辑，只需执行菜单"对象"/ PowerClip命令，在弹出的子菜单中进行编辑；还可以直接通过在对象下方的快速编辑功能进行编辑，如图5-95所示。

1. 编辑PowerClip

选择精确剪裁后的对象，在下面直接单击 PowerClip按钮，此时会自动进入容器内，如图5-96所示。进入编辑状态后，可以对源图片进行进一步的编辑，例如移动位置、改变大小、旋转等操作，如图5-97所示。编辑完成直接单击 "停止编辑内容" 按钮，完成编辑，如图5-98所示。

图5-95　快速编辑

图5-96　单击按钮进行编辑的状态

图5-97　编辑

图5-98　完成编辑

2. 选择PowerClip内容

选择精确剪裁后的对象，在下面直接单击 "选择PowerClip内容" 按钮，此时会直接选取置入的位置，如图5-99所示。"选择PowerClip内容" 进行编辑内容时，不需要进入容器内，可以直接在外部将对象选取进行编辑，此时对象外框会以圆点进行标记，如图5-100所示。设置完毕直接单击页面中的任意位置即可完成编辑。

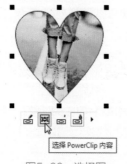

图5-99　选择图

图5-100　选择PowerClip内容

3. 内容居中

当置入的对象在外框中位置出现偏移时，选择精确剪裁后的对象，在下拉菜单中直接执行"内容居中"命令，就可以将对象在外框内进行居中对齐，如图5-101所示。

4. 按比例调整内容

当置入的对象大小与容器不符时，选择精确剪裁后的对象，在下拉菜单中直接执行"按比例调整内容"命令，就可以将对象与外框进行等比例的方式进行调整，如图5-102所示。

> **提 示**
>
> 在应用"按比例调整内容"命令编辑对象时，当对象与置入的容器形状不符时，应用此命令会在对象边缘出现留白。

5. 按比例填充框

当置入的对象大小与容器不符时，选择精确剪裁后的对象，在下拉菜单中直接执行"按比例填充框"命令，就可以将对象按外框的比例方式进行调整，如图5-103所示。

6. 延展内容以填充框

当置入的对象大小与容器不符时，选择精确剪裁后的对象，在下拉菜单中直接执行"延展内容以填充框"命令，就可以将对象按外框的边缘进行调整，此时图片出现变形，如图5-104所示。

7. 锁定PowerClip的内容

选择精确剪裁后的对象，在下面直接单击 "锁定PowerClip的内容"按钮，此时移动心形外框，会发现置入的对象不跟随移动，如图5-105所示。再次单击 "锁定PowerClip的内容"按钮，此时移动心形外框，发现置入的对象会跟随外框一起移动。

图5-101 内容居中

图5-102 按比例调整内容

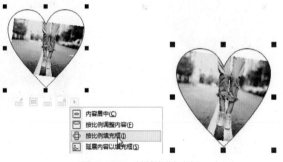

图5-103 按比例填充框

图5-104 延展内容以填充框

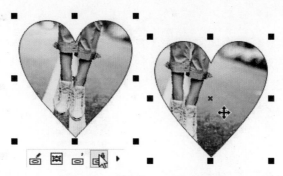

图5-105　锁定PowerClip的内容

8. 提取内容

将图像置于封闭的容器中后，有时候还需要将其进行拆分，以便对图像的位置重新进行定位或重新编辑图像效果，以满足最终的需要。选择精确剪裁后的对象，在下面直接单击 "提取内容" 按钮，可以将置入的对象提取出来，如图5-106所示。提取对象后，拖曳对象到其他位置，容器内部会出现一个X线，如图5-107所示。

图5-106　提取内容　　　　　　　　　　　　　　　图5-107　提取内容后

技　巧

将提取出来的对象直接拖曳到原来的外框内，松开鼠标可以快速进行置入。在已经提取后的外框上右击鼠标，在弹出的快捷菜单中选择 "框类型" / "无" 命令，即可将空的PowerClip图文框转换为图形对象。

| 5.16　综合练习：通过 PowerClip 制作合成图像　🔍　➡

由于篇幅所限，本章中的实例只介绍技术要点和简单的制作流程，具体的操作步骤读者可以根据本书附带的教学视频来学习。

实例效果图	技术要点
	✸　导入素材，使用"钢笔工具"在边缘绘制轮廓 ✸　应用"置于图文框内部"命令 ✸　绘制椭圆，转换为位图 ✸　调整顺序 ✸　应用"高斯式模糊"滤镜

制作流程：

STEP 1 新建文档，导入素材，使用"钢笔工具"在人物边缘创建轮廓。

STEP 2 应用"置于图文框内部"命令，将素材放置到轮廓内。

STEP 3 去掉轮廓，将应用PowerClip命令的对象移动到新素材上。

STEP 4 绘制灰色椭圆，调整顺序后将其转换为位图。

STEP 5 应用"高斯式模糊"滤镜，完成本例的制作。

| 5.17 综合练习：通过透镜凸显局部特效 🔍 ➡️

实例效果图	技术要点
	★ 导入素材，复制副本 ★ 使用"取消饱和"命令 ★ 使用"椭圆形渐变透明度" ★ 应用"透镜"

制作流程：

STEP 1 新建文档，导入素材，复制一个副本，执行菜单"效果"/"调整"/"取消饱和"命令。

STEP 2 使用渐变透明度为图像添加椭圆形渐变透明。

STEP 3 在猫眼处绘制正圆，应用"放大"透镜。

STEP 4 将应用"放大"透镜的区域移动到右上角处，调整大小。

STEP 5 再绘制一个正圆，应用"颜色添加"透镜。

STEP 6 绘制两根连接线，至此本例制作完毕。

5.18　综合练习：通过简化造型命令制作围巾广告图像

实例效果图	技术要点
	✹　导入素材 ✹　使用手绘工具绘制三角形 ✹　缩小三角形 ✹　应用"简化"命令 ✹　绘制正圆和直线 ✹　导入素材，移动位置并调整大小 ✹　使用裁剪工具裁剪图像

制作流程：

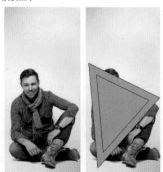

STEP 1 新建文档，导入素材，使用手绘工具绘制三角形。

STEP 2 应用"简化"造型命令，去掉轮廓。

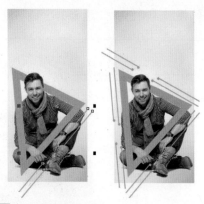

STEP 3 在头部绘制曲线，之后将其与后面的三角形应用"简化"命令。

STEP 4 绘制正圆和直线。

STEP 5 导入男士围巾文本素材，绘制裁剪框。

STEP 6 得到最终效果。

| 5.19 练习与习题 🔍 ➡

1. 练习

(1) 练习两个图形之间的造型处理。

(2) 练习图形透镜的应用。

2. 习题

(1) 下面哪个工具可以将图形一分为二？（　　）

　　A. 平滑工具　　　　B. 裁剪工具　　　　C. 刻刀工具　　　　D. 形状工具

(2) 以下哪个造型命令可以将两个图形的相交区域变为一个图形？（　　）

　　A. 相交　　　　　　B. 简化　　　　　　C. 移除后面的对象　D. 边界

第6章

艺术画笔与度量连接

运用CorelDRAW X8软件绘制图案时，能够真正体验到方便并得到美观图案的画笔只有 "艺术笔工具"，在艺术笔中包含预设、笔刷、喷涂、书法和压力，以及度量工具和连接工具，本章将详细地讲解这些工具的具体使用方法。

6.1 艺术笔工具

"艺术笔工具"是CorelDRAW X8提供的一种具有固定或可变宽度及形状的特殊画笔工具。利用它可以创建具有特殊艺术效果的线段或图案，是所有绘画工具中最灵活多变的，为矢量绘画增添了许多丰富的效果，使用方法也非常简单，在属性栏只要选择自己需要的图案或笔触后，将光标移到页面中任意位置，按下鼠标拖动，松开鼠标后，系统便会绘制出选择的画笔类型，绘制的艺术笔可以随意改变颜色和轮廓色，如图6-1所示。

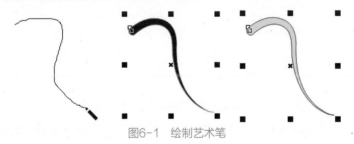

图6-1　绘制艺术笔

通过属性栏选择不同的画笔或不同的笔触后，在页面中进行拖曳会得到更加丰富的绘制效果，如图6-2所示。

图6-2　绘制艺术笔效果

6.1.1　预设

"预设"用于使用预设矢量形状绘制曲线。

在 🖋 "艺术笔工具"的属性栏中单击 🖾 "预设"按钮，此时的属性设置会变成 🖾 "预设"类型的各个选项，如图6-3所示。

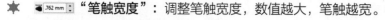

图6-3 预设

其中的各项含义如下。

★ "**预设笔触**"：选择用来绘制线条和曲线的笔触，单击后面的下拉按钮，在弹出的下拉列表中选择笔触，不同笔触绘制的效果如图6-4所示。

★ ✓ 40 ➕ "**手绘平滑**"：用来设置手绘曲线时的平滑度，数值为0～100。

★ ⬛ .762 mm ⬛ "**笔触宽度**"：调整笔触宽度，数值越大，笔触越宽。

★ 🔲 "**随对象一起缩放笔触**"：将变换应用到艺术笔触宽度，不单击此按钮，变换画笔时，宽度不跟随改变。

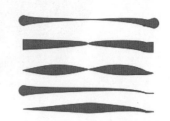

图6-4 绘制的笔触

6.1.2 笔刷

🖌 "笔刷"用于绘制与着色的笔刷笔触相似的曲线。

在 🖋 "艺术笔工具"的属性栏中单击 🖌 "笔刷"按钮，此时的属性设置会变成 🖌 "笔刷"类型的各个选项，如图6-5所示。

图6-5 笔刷

其中的各项含义如下。

★ "**类别**"：为所选的艺术笔选择一个类别，单击后面的下拉按钮，可在弹出的下拉列表中选择类别。

★ "**笔刷笔触**"：在该下拉列表中选择需要绘制的笔刷笔触类型。

★ 📂 "**浏览**"：浏览到包含自定义艺术笔触的文件夹，选择笔刷可以将其导入。

★ 💾 "**保存艺术笔触**"：将艺术笔触另存为自定义笔触，选择自定义的画笔笔触后，单击此按钮，会弹出"另存为"对话框，文件格式为.cmx，位置在默认的艺术笔文件夹中。

上机实战 **自定义艺术笔笔触**

STEP 1 ▶ 使用 ◯ "椭圆形工具"，在文档中绘制两个椭圆，如图6-6所示。

STEP 2 ▶ 框选所有的椭圆，执行菜单"对象"/"合并"命令，为了便于查看，我们为其填充一种颜色，如图6-7所示。

图6-6 绘制椭圆　　　　　　　图6-7 合并

STEP 3 确保当前对象处于选取状态，单击工具箱中的 🖊 "艺术笔工具"，之后在属性栏中选择 🖊 "笔刷"，再单击属性栏中的 🖫 "保存艺术笔触" 按钮，弹出 "另存为" 对话框，设置 "名称" 为 "空心笔"，如图6-8所示。

图6-8　命名

STEP 4 设置完毕后单击 "保存" 按钮，此时在 "类别" 下拉列表中会出现自定义的选项，在 "画笔笔触" 下拉列表中可以看到刚才储存的自定义画笔 "空心笔"，如图6-9所示。

STEP 5 选择 "空心笔" 笔触后，在页面中就可以按照自定义的样式进行绘制了，如图6-10所示。

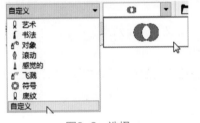

图6-9　选择

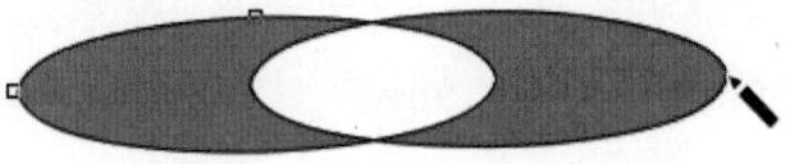

图6-10　绘制自定义笔刷

6.1.3　喷涂

🖫 "喷涂" 用于通过喷射一组预设图像进行绘制。

在 🖊 "艺术笔工具" 的属性栏中单击 🖫 "喷涂" 按钮，此时的属性设置会变成 🖫 "喷涂" 类型的各个选项，如图6-11所示。

图6-11　喷涂

其中的各项含义如下。

★ "类别"：为所选的艺术笔选择一个喷涂类别，单击后面的下拉按钮，可在弹出的下拉列表中选择类别。

★ "喷射图样"：不同类别会有自己对应的一组喷射图案。

★ 🖫 "喷涂列表选项"：通过添加、移除和重新排列喷射对象来编辑喷涂列表，单击打开 "创建播放列表" 对话框，如图6-12所示。

　★ 喷涂列表：用来设置喷涂时该项目的所有图案。

　★ 播放列表：用来设置实际喷涂时的图案个数，如图6-13所示。

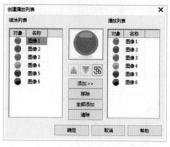

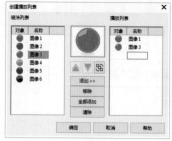

图6-12 "创建播放列表"对话框

图6-13 喷涂效果

★ 顺序：调整喷涂时选择图案的排列顺序只能对"播放列表"中的图案进行调整，包含下移一层，如图6-14所示；上移一层，如图6-15所示；反转顺序，如图6-16所示。

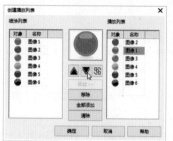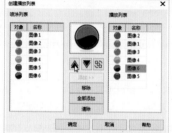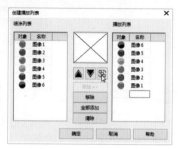

图6-14 下移一层 图6-15 上移一层 图6-16 反转顺序

★ 添加：将当前在"喷涂列表"中选择的图案添加到"播放列表"中。

★ 移除：将当前在"播放列表"中选择的图案删除。

★ 全部添加：将"喷涂列表"中的图案全部添加到"播放列表"中。

★ 清除：将"播放列表"中的所有图案全部删除。

技 巧

艺术画笔绘制的笔触图案通常是依附到绘制的路径上的，可以通过按Ctrl+K键将其进行分离，这样可以把路径从图案上分离出来，再按Ctrl+U键取消群组，就可以单独选择一个图案了。

★ ⬡ **"喷涂大小"**：上方参数用于将喷涂对象的大小统一调整为其原始大小的某一特定的百分比；下方参数用于将每一个喷涂对象的大小调整为前面对象大小的某一特定百分比。

★ **"递增按比例放缩"**：允许喷射对象在沿笔触移动过程中放大或缩小。

★ **"喷涂顺序"**：选择喷涂对象沿笔触显示的顺序。其中包含"随机""顺序"和"按方向"。

　　★ 随机：在创建喷涂时，随机出现播放列表中的图案，如图6-17所示。

　　★ 顺序：在创建喷涂时，按编号顺序出现播放列表中的图案，如图6-18所示。

　　★ 按方向：在创建喷涂时，播放列表中处于同一方向的图案会重复出现，如图6-19所示。

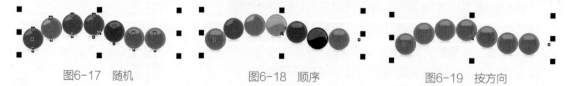

图6-17 随机 图6-18 顺序 图6-19 按方向

★ "添加到喷涂列表"：在喷涂列表中添加一个或多个对象，单击此按钮，可以将选择的图案添加到"自定义类型"喷涂列表中，如图6-20所示。

★ "每个色块中的图像数和图像间距"：上方参数用于设置每个色块中的图像数；下方参数用于调整沿每个笔触长度的色块间的距离。

★ "旋转"：访问喷涂对象的旋转选项，如图6-21所示。

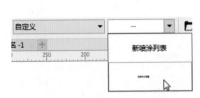

图6-20 添加到喷涂列表

图6-21 旋转选项

★ 旋转角度：用于图案相对于路径或者页面的旋转角度。

★ 增量：用于已经发生旋转的图案进行角度递增式的增加，"旋转角度"为30°、"增量"为30°时的效果如图6-22所示。

图6-22 旋转效果

★ 相对于路径：图案旋转时以路径为参照物。

★ 相对于页面：图案旋转时以页面为参照物。

★ "偏移"：访问喷射对象的偏移选项，如图6-23所示。

★ 使用偏移：对绘制的喷涂图案进行位置上的偏移。

★ 偏移：用数值确定偏移距离。

★ 方向：用来设置图案偏移的方向。

图6-23 偏移

上机实战 **通过创建播放列表绘制喷涂中的一个图案**

STEP 1 选择工具箱中的 "艺术笔工具"，在属性栏中单击 "喷涂"按钮，在"类型"中选择"其它"，在"喷射图样"下拉列表中选择一个图案，如图6-24所示。

STEP 2 在属性栏中单击 "喷涂列表选项"按钮，在打开的"创建播放列表"对话框中，按住Ctrl键选择"播放列表"下的除图像2以外的图案，单击"移除"按钮，如图6-25所示。

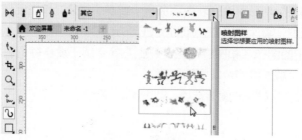

图6-24　选择图案

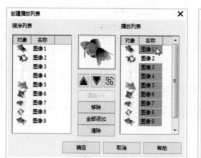

图6-25　移除图案

STEP 3 设置完毕后单击"确定"按钮，使用 "喷涂"在页面上进行涂抹，此时会发现绘制的只是图像2图案，如图6-26所示。如果只是在页面中拖曳很短的距离，就只会绘制一个图像2，如图6-27所示。

图6-26　绘制图案　　　　　　　　　　　　　　　图6-27　绘制一个图案

6.1.4 书法

 "书法"用于绘制与书法笔触相似的曲线。

在 "艺术笔工具"的属性栏中单击 "书法"按钮，此时的属性设置会变成 "书法"类型的各个选项，如图6-28所示。

图6-28　书法

其中的选项含义如下。

 "书法角度"：可指定书法笔触的角度，主要按照输入的数值控制书法笔尖的角度，范围为0°～360°，如图6-29所示。

图6-29　角度

6.1.5 压力

🖊"压力"用于模拟使用压感笔画的绘图效果。

在🖊"艺术笔工具"的属性栏中单击🖊"压力"按钮，此时的属性设置会变成🖊"压力"类型的各个选项，如图6-30所示。绘制压力线条与在CorelDRAW软件中用数位板绘制线条感觉相似，绘制的线条非常匀称，如图6-31所示。

图6-30 压力

图6-31 压力绘制

6.2 度量工具

"度量工具"是 CorelDRAW X8提供的在创建技术图表、建筑施工图等需要精确度量尺寸，严格把持比例的绘图任务时使用的工具，它可以帮助用户轻松完成任务。

使用"度量工具"可以十分轻松地测量出对象水平、垂直方向上的距离，还可以测量角度等，本节将详细地讲解度量工具的具体使用方法。

6.2.1 平行度量工具

使用🖊"平行度量工具"可以将任意两点之间的距离进行测量并添加标注。使用方法非常简单，只要选择一个点，当光标出现节点字样时，按住鼠标并拖曳光标到另一点，松开鼠标后，向垂直的方向上拖曳，单击鼠标，便可出现测量结果以及标注文字，如图6-32所示。

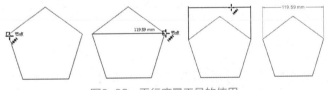

图6-32 平行度量工具的使用

> **技 巧**
>
> 使用🖊"平行度量工具"测量距离时，除了使用单击节点之间距离的方式外，还可以对选择对象边缘之间的距离进行测量，可以测量任意角度方向上节点或两点之间的距离并添加注释。

在工具箱中选择🖊"平行度量工具"后，属性栏会变成该工具对应的选项设置，如图6-33所示。

图6-33 平行度量工具属性栏

其中的各项含义如下。

★ 十进制 "**度量样式**"：有 4 个度量线样式可选，在下拉列表中可以选择不同的样式，其中包含"十进制""小数""美国工程"和"美国建筑学"4种，默认情况下使用"十进制"进行度量。

★ 0.00 "**度量精度**"：选择度量线测量的精确度，最高可精确到小数点后10位。

★ mm "**度量单位**"：选择度量线的测量单位。

★ ™ "**显示单位**"：在度量线文本中显示测量单位。

★ ⚬ "**显示前导零**"：当值小于1时在度量线测量中显示前导零，如图6-34所示。

★ "**前缀**"：在文本框中输入的文字，会自动出现在测量数值的前面，如图6-35所示。

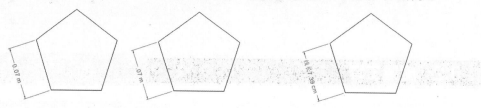

图6-34　显示前导零　　　　　　　　　　图6-35　前缀

★ "**后缀**"：在文本框中输入的文字，会自动出现在测量数值的后面。

★ ▢ "**动态度量**"：当度量线重新调整大小时自动更新度量线测量，不单击此按钮时，重新调整度量线时，测量的数据不变，如图6-36所示。

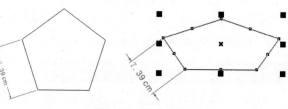

图6-36　动态度量

技　巧

在属性栏中激活"动态度量"时，可以在属性栏中设置详细的参数；不激活时，参数部分是不可以进行编辑的。

★ ▣ "**文本位置**"：依照度量线定位度量线文本，单击▣ "文本位置"按钮会看到6种不同的文本位置，如图6-37所示。

★ "尺度线上方的文本"：测量后出现的文本数据出现在度量线的上方，位置可以移动，如图6-38所示。

★ "尺度线中的文本"：测量后出现的文本数据出现在度量线中，位置可以移动，如图6-39所示。

★ "尺度线下方的文本"：测量后出现的文本数据出现在度量线的下方，位置可以移动，如图6-40所示。

图6-37　文本位置

图6-38　尺度线上方的文本　　　图6-39　尺度线中的文本　　　图6-40　尺度线下方的文本

★ "将延伸线间的文本居中"：设置文本位置后加选此项，会将度量文本放置到度量线的中间，如图6-41所示。

★ "横向放置文本"：设置文本位置后加选此项，会将度量文本进行横向摆放，如图6-42所示。

★ "在文本周围绘制文本框"：设置文本位置后加选此项，会为度量文本添加一个文本框，如图6-43所示。

  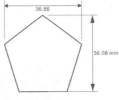 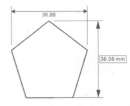

图6-41　将延伸线间的文本居中　　　图6-42　横向放置文本　　　图6-43　在文本周围绘制文本框

✦ ⊙ "延伸线选项"：自定义度量线上的延伸线，单击后可以在下拉面板中进行设置，如图6-44所示。

　　★ "到对象的距离"：勾选此复选框，可以自定义延伸线到测量对象之间的距离，如图6-45所示。

　　★ "延伸伸出量"：勾选此复选框，可以自定义延伸线伸出的距离，如图6-46所示。

 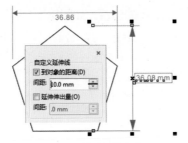 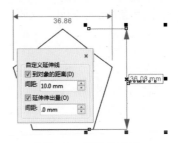

图6-44　延伸线选项　　　　图6-45　到对象的距离　　　　图6-46　延伸伸出量

技　巧

度量数据文本的大小可以直接选择数据文本后，在属性栏中设置文字的大小即可。

★ ✎ "轮廓宽度"：通过下拉列表或输入参数值，用来设置延伸线的粗细。

★ "双箭头"：通过下拉列表选择不同的延伸线箭头。

★ "线条样式"：通过下拉列表选择不同的轮廓样式，来设置延伸线的样式效果。

技　巧

双击工具箱中的 ✐ "平行度量工具"，系统会打开"选项"对话框，在该对话框中可以设置"样式""精度""单位""前缀"和"后缀"。

6.2.2　水平与垂直度量工具

使用 ⌐ "水平与垂直度量工具"可以在对象间的两点进行水平或垂直距离的测量，并为其添加标注。使用方法非常简单，只要选择一个点按下鼠标，拖曳鼠标到另一点后松开鼠标，再以垂直的方向拖曳鼠标，单击鼠标即可完成度量，如图6-47所示。

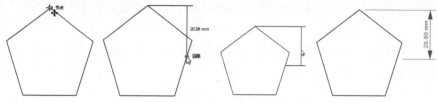

图6-47　水平与垂直度量工具的使用

> **提　示**
>
> 　　因为 **⌐** "水平与垂直度量工具"只能绘制水平或垂直方向度量线，所以在确定第一节点后若以斜线方向拖曳，会出现两条长短不一的延伸线，但是不会出现倾斜的度量线。

6.2.3　角度量工具

　　使用 **⌐** "角度量工具"可以精确地测量两条线的夹角。使用方法非常简单，只要选择要测量的夹角顶点，如图6-48所示。之后沿着一条边按下鼠标拖曳，确定夹角的一条边，如图6-49所示。确定一条边后松开鼠标向夹角另一条边拖曳，到边上后单击鼠标确定另一条边，如图6-50所示。最后再拖曳鼠标到空白处，来确定夹角标注文本的位置，如图6-51所示。

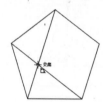

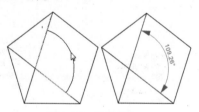

图6-48　顶点　　　　图6-49　第一条边　　　　图6-50　第二条边　　　　图6-51　测量的角

> **提　示**
>
> 　　在对角度进行测量之前，可以先在属性栏中设置"单位"，如"度""弧度""粒度"等。

6.2.4　线段度量工具

　　使用 **⌐** "线段度量工具"可以自动捕捉测量两个节点之间的线段距离，并写出标注。使用方法非常简单，只要选择要测量的线段单击，即可对当前线段进行测量，接着移动鼠标确定文本位置，如图6-52所示。

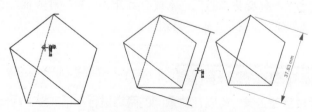

图6-52　线段度量工具的使用

在工具箱中选择 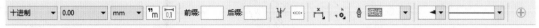 "线段度量工具"后，属性栏会变成该工具对应的选项设置，如图6-53所示。

图6-53 线段度量工具

其中的选项含义如下。

"**自动连续度量**"：自动测量连续的线段，使用  "线段度量工具"框选需要测量的连续节点，之后松开鼠标向空白处拖曳，单击完成连续测量，如图6-54所示。

图6-54 连续测量

6.2.5 3点标注工具

使用 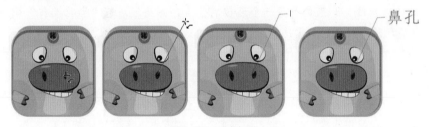 "3点标注工具"可以快速为对象添加折线标注文字。使用方法非常简单，只要选择第一个点，然后按住鼠标拖曳到第2个点后，松开鼠标再拖动一段距离单击鼠标确定文字位置，然后输入标注文字，如图6-55所示。

图6-55 3点标注

在工具箱中选择  "3点标注工具"后，属性栏会变成该工具对应的选项设置，如图6-56所示。

图6-56 3点标注工具

其中的各项含义如下。

★ "**标注形状**"：为标注添加文本样式，在下拉列表中选择形状后，就可以添加到标注文本中，如图6-57所示。

★ 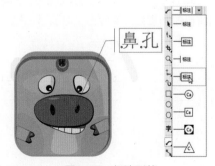 "**间隙**"：用来设置文本与标注形状之间的距离。

★ "**起始箭头**"：用来设置标注线对应位置的箭头形状，在下拉列表中可以选择样式。

图6-57 标注形状

6.3 连接工具

连接工具包括 "直线连接器"、 "直角连接器"、 "圆直角连接器" 和 "编辑锚点工具" 4个，它们可以在对象之间绘制连线，甚至在移动一个或两个对象时，通过这些线条连接的对象仍保持连接状态。本节将带读者了解CorelDRAW X8软件中连接工具的运用。

6.3.1 直线连接器

使用 "直线连接器" 可以任意角度创建直线连线。使用方法非常简单，只要选择 "直线连接器" 后，此时会在要添加连线的对象上出现红色菱形锚点，在两个对象中的红色菱形锚点上拖曳，便会创建连接线，如图6-58所示。拖动其中的一个对象会发现连接线仍然保持连接状态，如图6-59所示。

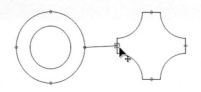
图6-58 创建连接线

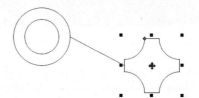
图6-59 移动对象连接线仍然连接

> **技 巧**
>
> 对于创建的连接线，如果想改变一个连接的位置，只要通过 "形状工具" 调整节点位置就可以了；要想删除连接线，只要选择连接线按Delete键即可。

> **技 巧**
>
> 在一个节点上创建多个连线时，只要使用 "直线连接器" 在节点上按住鼠标拖曳到新的节点上，松开就可以创建连线。移动对象位置时，所有的连接线仍然处于连接状态。

6.3.2 直角连接器

"直角连接器" 用于创建包含构成直角的垂直和水平线段的连线，连线也称为 "流程线"，多用于技术绘图，例如流程图、电路图、图表等。使用方法非常简单，只要选择 "直角连接器" 后，此时会在要添加连线的对象上出现红色菱形锚点，在两个对象中的红色菱形锚点上拖曳，便会创建直角连接线，如图6-60所示。拖动其中的一个对象会发现连接线仍然保持连接状态。

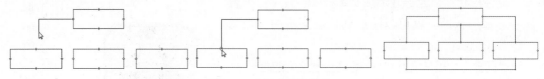
图6-60 创建直角连接线

技　巧

　　若要更改连线位置，可以直接单击一边的节点并将节点拖动至新的位置；也可以使用
"形状工具"拖动一边的节点到新的位置，拖动连接线可以调整连接线与对象的距离。

　　在工具箱中选择 "直角连接器"后，属性栏会变成该工具对应的选项设置，如图6-61所示。

　　其中的选项含义如下。

　　"圆形直角"：用来设置直角连接线的圆弧度，数值越大，圆弧越明显，如图6-62所示。

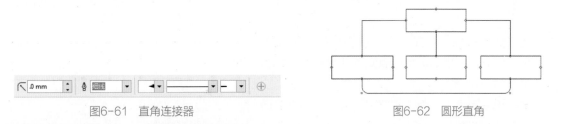

图6-61　直角连接器　　　　　　　　　　　图6-62　圆形直角

6.3.3 圆直角连接器

　　 "圆直角连接器"用于创建包含构成圆直角的垂直和水平元素的连线，连线也称为"流程线"，多用于技术绘图，例如流程图、电路图、图表等。使用方法非常简单，只要选择 "圆直角连接器"后，此时会在要添加连线的对象上出现红色菱形锚点，在两个对象中的红色菱形锚点上拖曳，便会创建圆直角连接线，如图6-63所示。拖动其中的一个对象会发现连接线仍然保持连接状态。

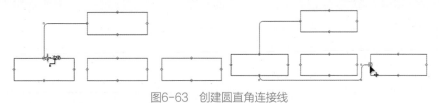

图6-63　创建圆直角连接线

6.3.4 编辑锚点工具

　　 "编辑锚点工具"用于改变对象中创建连接线的锚点位置，也可用于调整连接线的连接位置，如图6-64所示。

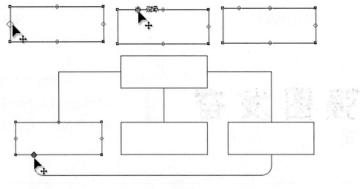

图6-64　编辑锚点

在工具箱中选择 "编辑锚点工具"后，属性栏会变成该工具对应的选项设置，如图6-65所示。

图6-65　编辑锚点工具

其中的各项含义如下。

★　 **"相对于对象"**：根据对象定位锚点，而不是将其定位到页面的某个位置。

★　 **"调整锚点方向"**：按照指定的角度调整锚点方向，如图6-66所示。

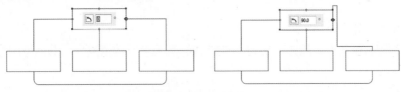

图6-66　锚点方向

★　 **"自动锚点"**：允许锚点成为连线上的贴齐点，可以将新增的蓝色锚点变为红色锚点，如图6-67所示。

★　 **"删除锚点"**：单击此按钮，可以将选择的锚点删除，如图6-68所示。

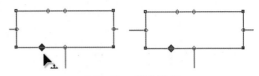

图6-67　自动锚点

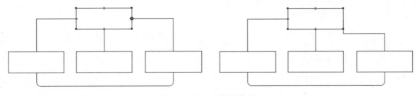

图6-68　删除锚点

> **技 巧**
>
> 在对象的轮廓上使用 "编辑锚点工具"双击空白处，可以增加一个锚点，此时锚点为蓝色菱形，在锚点上双击可以将该锚点删除。

6.4　综合练习：使用艺术笔制作书法字　🔍　➡

由于篇幅所限，本章中的实例只介绍技术要点和简单的制作流程，具体的操作步骤读者可以根据本书附带的教学视频来学习。

实例效果图	技术要点
奋发图强	★　输入文字 ★　将文字转换为曲线 ★　应用画笔描边曲线 ★　拆分并取消群组调整文字位置 ★　导入素材作为文字背景

制作流程：

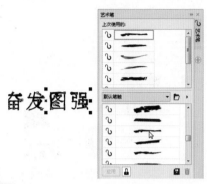

奋发图强

STEP 1 新建文档，输入文字"奋发图强"。

STEP 2 按Ctrl+Q键将文字转换为曲线，为其进行画笔描边。

奋发图强
奋发图强

STEP 3 按Ctrl+K键拆分艺术字后，将轮廓移到旁边，再按Ctrl+U键取消群组。

强图发奋

STEP 4 将描边文字调整位置。

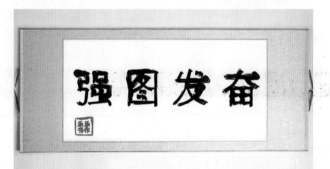

STEP 5 导入素材，将文字移到素材上方，再制作一个红色文字描边，完成本例的制作。

| 6.5 综合练习：通过度量工具测量图像中的元素

实例效果图	技术要点
	★ 平行度量工具
	★ 水平与垂直度量工具
	★ 角度量工具

制作流程：

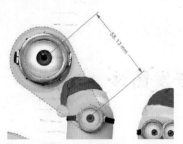

STEP 1 新建文档，导入素材，使用 ▱ "平行度量工具"在眼球之间标注距离。

STEP 2 使用 ▱ "水平与垂直度量工具"测量小黄人的身高。

STEP 3 使用 ▱ "角度量工具"测量角度。

STEP 4 使用 ▱ "水平与垂直度量工具"测量两个小黄人之间的距离，完成本例的测量。

6.6 练习与习题

1. 练习

练习艺术笔工具的使用。

2. 习题

(1) 绘制的艺术笔如果想进行单独编辑的话，必须要进行什么操作？（　　）

　　A. 预设画笔　　　B. 书法　　　　　C. 拆分艺术笔　　　D. 形状工具

(2) ▱ "平行度量工具"都可以设置以下哪些选项？（　　）

　　A. 样式　　　　　B. 精度　　　　　C. 单位

　　D. 前缀　　　　　E. 后缀

第 7 章

填充与轮廓

运用CorelDRAW X8软件对绘制完成的对象进行颜色填充时，首先要了解软件可以通过哪些方式进行颜色或图样的填充，而对于对象的轮廓部分就需要知道轮廓笔和轮廓线的一些知识。

7.1 调色板填充

CorelDRAW X8软件的调色板默认情况下出现在软件界面的右侧，只需要在调色板中直接单击选择的颜色，就可以为绘制的封闭对象填充颜色，右击会将颜色填充到轮廓上，如图7-1所示。

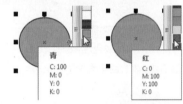

图7-1　调色板填充颜色以及轮廓

> **技 巧**
>
> 单击"调色板"泊坞窗右下角的 » 符号，会展开整个调色板，这样便于颜色的查看。

7.1.1 打开调色板

在工作中有时会需要不同颜色模式的调色板，这时执行菜单"窗口"/"调色板"命令，在弹出的子菜单中只要选择不同的调色板，就会在页面右侧显示打开的调色板。

> **技 巧**
>
> 执行菜单"窗口"/"调色板"/"调色板管理器"命令，在打开的"调色板管理器"中同样可以打开自己喜欢的调色板。

7.1.2 关闭调色板

执行菜单"窗口"/"调色板"/"关闭所有调色板"命令，可以将页面中显示的所有调色板关闭，执行菜单"窗口"/"调色板"命令，在弹出的菜单中将打勾的选项取消，会单独关闭该选项的调色板，在调色板中直接单击▶图标后，按顺序执行菜单"调色板"/"关闭"命令，会将当前的调色板关闭。

7.1.3 添加颜色到调色板

在使用软件进行编辑时，有时需要添加一些颜色到调色板中，在实际应用中可以通过"从选定内容添加""从文档添加"或"吸管添加"进行添加。

1. 从选定内容添加

选择一个填充颜色的对象,之后在调色板中单击▶图标,在弹出的菜单中选择"从选定内容添加"命令,就可以将选择对象的填充颜色添加到当前调色板中,如图7-2所示。

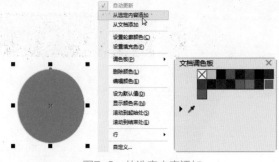

图7-2　从选定内容添加

2. 从文档添加

如果想把当前文档中的颜色全部添加到调色板中,单击▶图标,在弹出的菜单中选择"从文档添加"命令,就可以将该文档中对象的颜色添加到当前调色板中,如图7-3所示。

3. 通过吸管添加

在调色板中单击 图标,当光标变为 形状时,将光标移动到文档中的任意位置单击鼠标,就会把当前吸取的颜色添加到当前调色板中,如图7-4所示。

图7-3　从文档添加　　　　图7-4　通过吸管添加

技　巧

使用吸管添加颜色的同时只要按住Ctrl键,光标会变为 形状,此时在不同颜色位置上单击,会添加多个颜色到调色板中。

7.2　使用颜色泊坞窗进行填充

在CorelDRAW X8软件中,除了使用调色板进行快速颜色填充之外,使用"颜色泊坞窗"同样可以快速为对象填充单一颜色,执行菜单"窗口"/"泊坞窗"/"色彩"命令,打开"颜色泊坞窗",在泊坞窗中可以通过"显示颜色滑块""显示颜色查看器"或"显示调色板"为对象填充颜色或轮廓色,还可以通过 "吸管工具"快速选择一种颜色,为选择的对象进行填充,如图7-5所示。

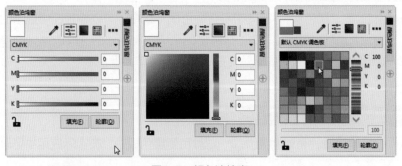

图7-5　颜色泊坞窗

7.3 智能填充工具

在CorelDRAW X8软件中，使用 "智能填充工具" 可以快速为重叠交叉的区域或轮廓填充单一颜色，还可以保留之前对象的原始属性，在工具箱中选择 "智能填充工具" 后，属性栏会变成该工具对应的选项设置，如图7-6所示。

图7-6 智能填充工具属性栏

其中的各项含义如下。

★ **"填充选项"**：将选择的填充属性应用到新对象，包含"使用默认值""指定"和"无填充"3个选项，如图7-7所示。

图7-7 填充选项

 ★ "使用默认值"：选择此选项后，会应用系统默认的设置为对象进行填充。

 ★ "指定"：选择此选项后，可以在后面的"填充色"拾色器中选择要为对象进行填充的颜色。

 ★ "无填充"：选择此选项后，将不会为对象进行颜色填充。

★ **"填充色"**：用于为对象设置填充颜色，该选项只有在"填充选项"选择"指定"时才能使用。

★ **"轮廓"**：将选择的轮廓属性应用到新对象，包含"使用默认值""指定"和"无轮廓"3个选项。

 ★ "使用默认值"：选择此选项后，会应用系统默认的设置为对象进行轮廓填充。

 ★ "指定"：选择此选项后，可以在后面的"轮廓宽度"下拉列表中选择轮廓的宽度，在"轮廓色"拾色器中选择要为对象进行轮廓填充的颜色，如图7-8所示。

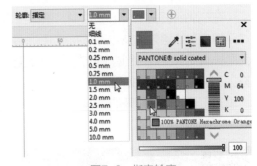

图7-8 指定轮廓

 ★ "无轮廓"：选择此选项后，将不会为对象进行轮廓颜色填充。

★ **"轮廓色"**：用来为对象设置填充轮廓颜色，该选项只有在"轮廓选项"选择"指定"时才能使用。

7.3.1 填充单一对象

使用 "智能填充工具"只要在绘制的单一对象内部单击就可以为其填充颜色，如图7-9所示。

图7-9 填充对象

CorelDRAW X8 平面设计与制作教程

> **技 巧**
>
> 　　当文档中只有一个对象时，使用 "智能填充工具"在任意位置单击，都可以为这个对象填充颜色。当文档中存在多个对象时，要填充哪个对象就必须使用 "智能填充工具"在对象上单击。

7.3.2　填充多个对象

　　在页面中绘制多个心形后，使用 "智能填充工具"只要在页面的空白区域单击，就可以为多个对象进行填充，如图7-10所示。如果这几个对象叠加在一起，就会为这几个叠在一起的对象填充一个外边界对象，如图7-11所示。

图7-10　填充多个对象

图7-11　填充叠加对象

7.4　交互式填充

　　在CorelDRAW X8软件中，选择工具箱中的 "交互式填充工具"后，在属性栏中会看到"无填充""均匀填充""渐变填充""向量图样填充""位图图样填充""双色图样填充""底纹填充""PostScript填充"8种填充方式，如图7-12所示。或者在状态栏上双击 "填充工具"，在打开的"编辑填充"对话框中同样可以看到以上8种填充方式。

图7-12　填充方式

7.4.1　无填充

　　 "无填充"可以将之前填充的颜色或样式清除掉，选择已填充的对象后，选择工具箱中的 "交互式填充工具"，在属性栏中单击 "无填充"按钮，即可清除填充内容，如图7-13所示。

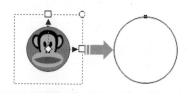
图7-13　无填充

7.4.2　均匀填充

　　 "均匀填充"就是可以为当前对象填充单一颜色。选择工具箱中的 "交互式填充工具"后，在属性栏中单击 "均匀填充"按钮，选择一种颜色后会为当前对象填充一种颜色，如图7-14所示。此时属性栏会变为 "均匀填充"工具的选项设置，如图7-15所示。

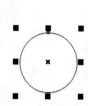
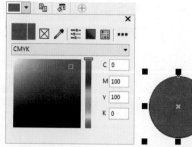
图7-14　均匀填充

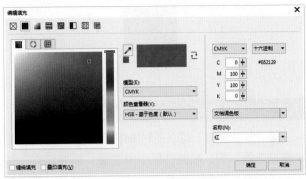

图7-15 均匀填充选项

其中的各项含义如下。

★ **"填充色"**：用来选择填充颜色，在下拉列表中可以选择3种填充颜色的方式，包含"显示调色板""显示颜色滑块"和"显示颜色查看器"。

★ **"复制填充"**：可以将文档中任意填充的颜色，复制到选择对象中。

★ **"编辑填充"**：用来设置或改变填充属性，单击即可打开"编辑填充"对话框，在对话框中可以看到"显示调色板""显示颜色混合器"和"显示颜色查看器"3种颜色调整选项标签，如图7-16所示。

> **技 巧**
>
> 在属性栏中单击 "编辑填充"按钮，打开的"编辑填充"对话框与在状态栏中双击 "填充工具"弹出的是同一个对话框。

上机实战 **复制填充的应用**

STEP 1 新建空白文档，使用 "矩形工具"在页面中绘制一个矩形，选择工具箱中的 "交互式填充工具"后，在属性栏中单击 "均匀填充"按钮，为其选择"红色"进行填充，如图7-17所示。

STEP 2 使用 "基本形状工具"在页面中绘制一个心形，选择工具箱中的 "交互式填充工具"后，在属性栏中单击 "复制填充"按钮，将光标移动到红色矩形上，如图7-18所示。

STEP 3 在红色矩形上单击，就可以把矩形的填充颜色复制到心形上，如图7-19所示。

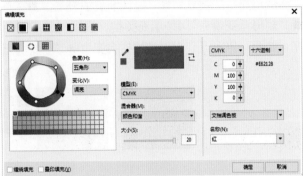

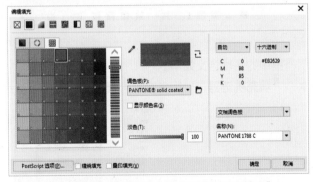

图7-16 "编辑填充"对话框中的"均匀填充"

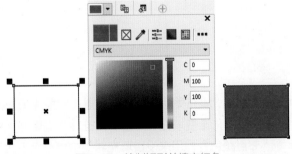

图7-17 绘制矩形并填充红色

图7-18　绘制心形　　　　　　　　图7-19　复制填充

7.4.3　渐变填充

■ "渐变填充"可以在对象中填充两种或两种以上的平滑渐变颜色。选择工具箱中的 ◈ "交互式填充工具"后，在属性栏中单击 ■ "渐变填充"按钮，即可进入"渐变填充"的设置属性栏，"渐变填充"主要分为 ■ "线性渐变填充"、■ "椭圆形渐变填充"、■ "圆锥形渐变填充"和 ■ "矩形渐变填充"4种填充类型，设置"节点颜色"后，单击"确定"按钮，即可完成渐变填充，如图7-20所示。此时属性栏会变为 ■ "渐变填充"对应的选项设置，如图7-21所示。

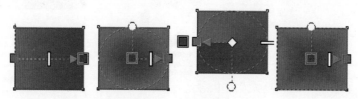

图7-20　渐变填充

图7-21　渐变填充属性栏

其中的各项含义如下。

★ **"填充挑选器"：** 用来在个人或公共填充库中选择填充效果，如图7-22所示。

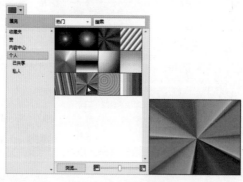

图7-22　填充挑选器

★ ■■■■■ **"填充类型"：** 用来设置在对象中填充渐变的类型，其中包含 ■ "线性渐变填充"、■ "椭圆形渐变填充"、■ "圆锥形渐变填充"和 ■ "矩形渐变填充"。

★ **"节点颜色"：** 用来设置填充对象中填充渐变色节点的颜色，选择节点后单击"节点颜色"，即可在下拉列表中选择节点颜色，每次只能设置一个节点的颜色。

★ ■ 0% ＋ **"节点透明度"：** 用来设置当前填充节点颜色的透明效果，数值越大越透明。

技 巧

　　在渐变色的节点上单击，系统会弹出一个编辑当前节点的快捷菜单，可以在上面改变节点颜色和透明度效果。在两个节点中间线上双击鼠标，会重新添加一个颜色节点，如图7-23所示。在新添加的颜色节点上双击，可以将当前节点删除，不是新添加的节点不能被删除。

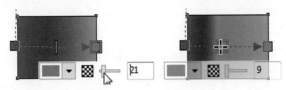

图7-23　添加颜色节点

★　**"节点位置"**：用来设置新添加节点在最初两个节点之间的位置。

★　🔄**"反转填充"**：单击此按钮，可以将渐变填充的顺序进行反转。

★　◨**"排列"**：用来设置镜像或重复渐变填充，单击可以在下拉列表中看到填充模式，如图7-24所示。将后面颜色节点位置向中间拖曳，可以看到不同排列填充时的效果，如图7-25所示。

图7-24　排列　　　　　　　　　　　　　图7-25　排列填充

★　◨**"平滑"**：用来设置渐变填充时两个节点之间更加平滑的过渡效果。

★　→.0→**"速度"**：指定渐变填充从一个颜色调和到另一个颜色的速度，数值为-100~100。

★　◨**"自由缩放和倾斜"**：允许填充时不按比例倾斜和显示延伸。

1. 线性渐变填充

　　◼**"线性渐变填充"**可以用于在两个或多个颜色之间产生直线形的颜色渐变。

　　◼**"线性渐变填充"**可以在属性栏中进行渐变设置和填充，通过改变节点位置来改变线性渐变的填充效果，如图7-26所示。还可以在"编辑填充"对话框中进行更加细致的设置，如图7-27所示。

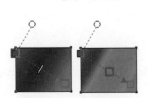

图7-26　填充线性渐变

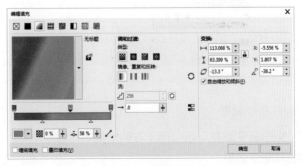

图7-27　编辑填充

使用█"渐变填充"可以通过在对象上选择起点向终点位置拖曳的方式填充渐变色，之后再设置渐变颜色；还可以直接选择◇"交互式填充工具"后，在页面中拖曳，默认情况下填充的就是渐变颜色，而且还是线性渐变。

2. 椭圆形渐变填充

▦"椭圆形渐变填充"可以用于在两个或多个颜色之间产生以同心圆的形式，由对象中心向外径向辐射生成的渐变效果，该渐变经常用在制作立体球体以及一些光晕效果。

选择▦"椭圆形渐变填充"，通过改变节点位置来改变椭圆形渐变的填充效果，还可以在"编辑填充"对话框中进行更加细致的设置，如图7-28所示。

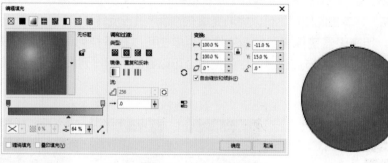

图7-28　填充椭圆形渐变

3. 圆锥形渐变填充

▦"圆锥形渐变填充"可以用于在两个或多个颜色之间产生的色彩渐变，该渐变常用在光线照射在圆锥上的视觉效果，使平面在视觉中具有立体感。

选择▦"圆锥形渐变填充"，通过改变节点位置来改变圆锥形渐变的填充效果，还可以在"编辑填充"对话框中进行更加细致的设置，如图7-29所示。

图7-29　填充圆锥形渐变

4. 矩形渐变填充

▦"矩形渐变填充"可以用于在两个或多个颜色之间产生以同心菱形的形式，从对象中心向外扩散的色彩渐变效果。

选择▦"矩形渐变填充"，通过改变节点位置来改变矩形渐变的填充效果，还可以在"编辑填充"对话框中进行更加细致的设置，如图7-30所示。

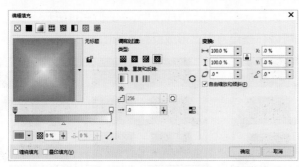
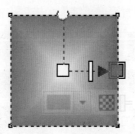

图7-30　填充矩形渐变

7.4.4　向量图样填充

向量图样填充又称为矢量图样填充，是比较复杂的矢量图形，可以由线条和填充组成。本节将详解CorelDRAW X8软件的向量图样填充。

选择要填充的对象，在工具箱中选择 "交互式填充工具" 后，在属性栏上单击 "向量图案填充" 按钮，则默认的向量图案应用到对象上了，如图7-31所示。此时属性栏会变为 "向量图案填充" 工具对应的选项设置，如图7-32所示。

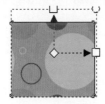

图7-31　向量图样填充

图7-32　向量图样填充属性栏

其中的各项含义如下。

★　**"填充挑选器"：** 用来在个人或公共填充库中选择填充效果，如图7-33所示。

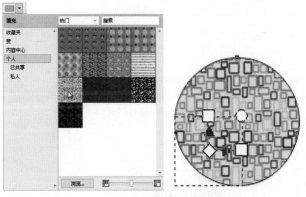

图7-33　填充挑选器

> **提　示**
>
> 在 "填充挑选器" 中单击 "浏览" 按钮，弹出 "打开" 对话框，在其中选择一张图片后，单击 "打开" 按钮，会将选择的图片作为填充对象。

★ 　　"**水平镜像平铺**"：排列平铺可以在水平方向上形成反射，如图7-34所示。

★ 　　"**垂直镜像平铺**"：排列平铺可以在垂直方向上形成反射，如图7-35所示。

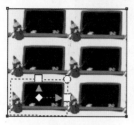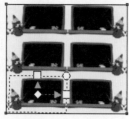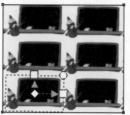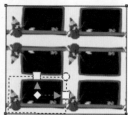

图7-34　水平镜像平铺　　　　　　　图7-35　垂直镜像平铺

★ 　　"**变换对象**"：将变换应用到填充中。

在属性栏中单击 　"编辑填充"按钮，会打开"编辑填充"对话框，在其中可以更加细致地设置向量填充，如图7-36所示。

其中的各项含义如下。

★ "**填充挑选器**"：用来在个人或公共填充库中选择填充效果。

★ 　"**另存为新**"：可以保存和共享当前的填充。

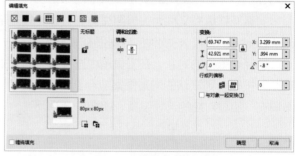

图7-36　"编辑填充"对话框

★ "**源**"：用来设置填充的源图像区域。

★ 　"**来自工作区的源**"：单击此按钮后，可以通过框选来重新定义填充源。

★ 　"**来自文件的新源**"：用来在打开的文件夹中选择图片作为新的填充源。

★ "**变换**"：用来设置填充源的精确变换。

★ "**与对象一起变换**"：勾选此复选框后，变换填充后的对象时，填充源跟随变换。

上机实战　**通过来自工作区的新源制作生肖鼠填充**

STEP 1 执行菜单"文件"/"新建"命令，新建一个空白文档，使用□"矩形工具"在文档中绘制矩形并填充颜色，如图7-37所示。

STEP 2 导入本书附带的"鼠"素材，如图7-38所示。

STEP 3 复制一个背景移到边上，使用 　"向量图案填充"，在"编辑填充"对话框中，单击 　"来自工作区的源"按钮，单击"确定"按钮后，在鼠图形上创建选取框，如图7-39所示。

图7-37　绘制的矩形　　　图7-38　导入素材　　　图7-39　设置填充

STEP 4 创建完毕后，单击 　"接受"按钮，如图7-40所示。

STEP 5 再次打开"编辑填充"对话框，设置"变换"参数，如图7-41所示。

图7-40　填充

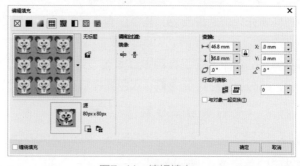

图7-41　编辑填充

STEP 6 单击"确定"按钮，效果如图7-42所示。

7.4.5 位图图样填充

位图图样填充是将预先设置好的许多规则的彩色图片填充到对象里去，这种图案和位图图像一样，有着丰富的色彩。

选择要填充的对象，在工具箱中选择 "交互式填充工具"后，在属性栏上单击 "位图图样填充"按钮，此时属性栏会变为 "位图图样填充"对应的选项，如图7-43所示。

图7-42　填充后

其中的各项含义如下。

★ ◎ "径向调和"：在每个图样平铺中，在对角线方向调和图像的一部分。

★ ≡ 50% "线性调和"：调和图样平铺边缘和相对边缘。

★ "边缘匹配"：使图样平铺边缘与相对边缘的颜色过渡平滑。

★ "亮度"：增加或降低图样的亮度。

★ "亮度"：增加或降低图样的灰阶对比度。

★ "颜色"：增加或降低图样的颜色对比度。

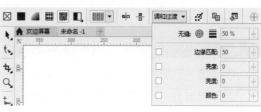

图7-43　位图图样填充属性栏

在属性栏中单击 "编辑填充"按钮，在打开的"编辑填充"对话框中，选择一个填充图案，单击"确定"按钮，即可将选择的位图填充到图形中，如图7-44所示。

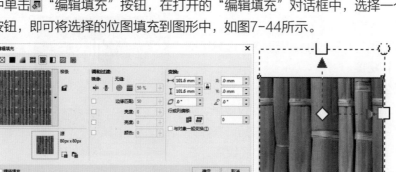

图7-44　填充位图

7.4.6 双色图样填充

双色图样填充只有两种颜色，虽然没有丰富的颜色，但刷新和打印速度较快，是用户非常喜爱的一种填充方式。

选择要填充的对象，在工具箱中选择 "交互式填充工具" 后，在属性栏上单击 "双色图样填充" 按钮，此时属性栏会变为 "双色图样填充" 对应的选项，如图7-45所示。

图7-45 双色图样填充属性栏

在属性栏中单击 "编辑填充" 按钮，在打开的 "编辑填充" 对话框中，选择一个双色填充图案，设置填充的颜色后，单击 "确定" 按钮，即可将选择的双色图样填充到图形中，如图7-46所示。

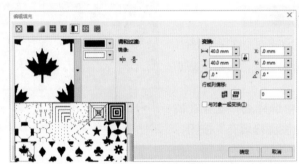
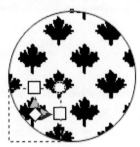

图7-46 填充双色图样

7.4.7 底纹填充

底纹填充是随机生成的填充，可用于赋予对象自然的外观。

选择要填充的对象，在工具箱中选择 "交互式填充工具" 后，在属性栏上单击 "底纹填充" 按钮，此时属性栏会变为 "底纹填充" 对应的选项，如图7-47所示。

图7-47 底纹填充属性栏

其中的各项含义如下。

★ **"底纹库"**：用来存放填充底纹的位置，默认存在7个底纹库。

★ **"填充挑选器"**：用来选择底纹库中的填充纹理，如图7-48所示。

★ **"底纹选项"**：在其中可以设置位图分辨率和最大平铺宽度。

★ **"重新生成底纹"**：单击此按钮，可以重新设置各个填充参数，以此来改变底纹效果。

在属性栏中单击 "编辑填充" 按钮，在打开的 "编辑填充" 对话框中，选择一个底纹库，在 "填充选择器" 中选择一个底纹，单击 "确定" 按

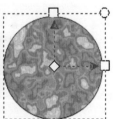

图7-48 填充挑选器

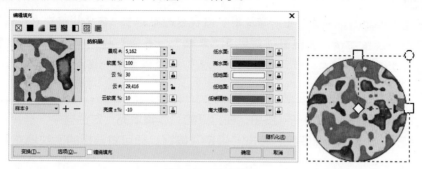

钮，即可将选择的底纹填充到图形中，如图7-49所示。

图7-49　填充底纹

其中的各项含义如下。

★ **"变换"**：在其中可以设置"镜像""位置""大小""变换""行或列偏移"等参数。用户可以更改底纹中心来创建自定义填充。

★ **"选项"**：在其中可以设置位图分辨率和最大平铺宽度。

★ **"随机化"**：使用不同的参数重新进行填充。

★ **➕"保存底纹"**：单击弹出"保存底纹为"对话框，在"底纹名称"文本框中输入底纹名称，并在"库名称"下拉列表中选择保存的位置，然后单击"确定"按钮，即可保存自定义的底纹填充效果。

★ **➖"删除底纹"**：将当前编辑的底纹删除。

7.4.8 PostScript填充

PostScript填充是使用PostScript语言创建的。有些底纹非常复杂，因此打印或屏幕更新可能需要较长时间。填充可能不显示，而显示字母PS，这取决于使用的视图模式。在应用PostScript底纹填充时，可以更改诸如大小、线宽、底纹的前景和背景中出现的灰色量等属性。

选择要填充的对象，在工具箱中选择
🖌 "交互式填充工具"后，在属性栏上单击
▦ "PostScript填充"按钮，此时属性栏会
变为▦ "PostScript填充"对应的选项，如
图7-50所示。

其中的选项含义如下。

"PostScript填充底纹"：用来存放
填充底纹的位置，在下拉列表中选择底
纹，即可填充，如图7-51所示。

图7-50　PostScript填充属性栏

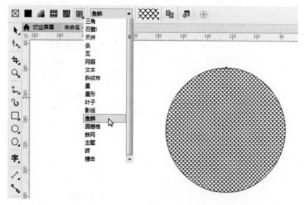

图7-51　PostScript填充底纹

技 巧

在使用 "PostScript填充"进行填充时，当视图对象处于"简单相框""线框"模式时，填充的效果将不会被显示；当视图对象处于"草稿""普通"模式时，填充的效果会以字母PS进行显示；只有视图对象处于"增强""像素""模拟叠印"模式时，填充的效果才能被显示。

在属性栏中单击 "编辑填充"按钮，在打开的"编辑填充"对话框中，选择一个底纹库，在"填充选择器"中选择一个底纹，单击"确定"按钮，即可将选择的底纹填充到图形中，如图7-52所示。

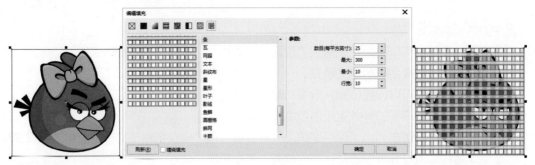

图7-52 填充

7.5 对象属性泊坞窗填充

在CorelDRAW X8软件中，选择绘制的图形后，"对象属性"泊坞窗可以对对象的轮廓、填充内容、透明度等进行快速设置，执行菜单"窗口"/"泊坞窗"/"对象属性"命令，即可打开"对象属性"泊坞窗，默认会停靠在软件窗口的右侧，为了查看方便，可以将其拖曳任何位置，如图7-53所示。

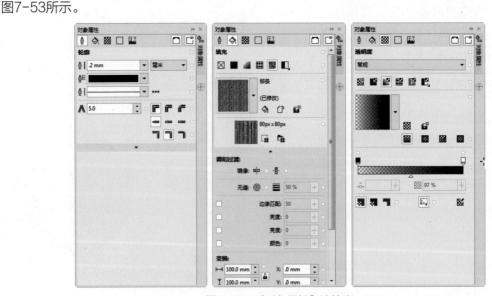

图7-53 "对象属性"泊坞窗

其中的各项含义如下。

★ 　✎"轮廓"：在此选项卡中可以对绘制的图形边框进行详细的设置。

★ 　◇"填充"：在此选项卡中可以对绘制的图形进行详细的填充设置。选择绘制的矩形后，在◇"填充"选项卡中单击▩"位图图样填充"按钮，在"填充选择器"中选择一个位图图案，即可对矩形进行填充，如图7-54所示。

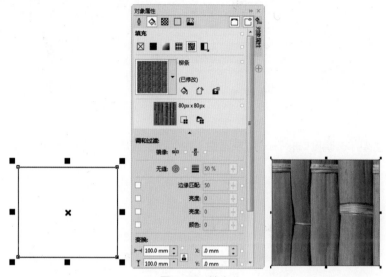

图7-54 填充

★ 　▩"透明度"：在此选项卡中可以对绘制的图形或已经进行填充的对象设置透明度，如图7-55所示。

★ 　▩"无透明"：不为对象设置透明度。

★ 　▤"均匀透明度"：在"对象属性"中为对象设置均匀透明度，如图7-56所示。

图7-55 透明度

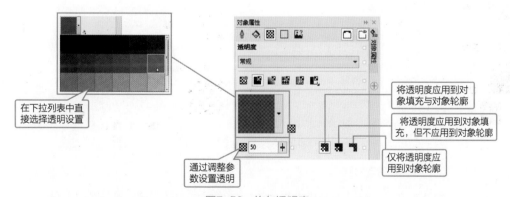

图7-56 均匀透明度

★ 　▤"渐变透明度"：在"对象属性"中为对象设置渐变透明度，如图7-57所示。

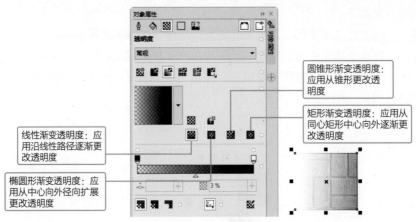

图7-57　渐变透明度

★　"向量图样透明度"：在"对象属性"中为对象应用向量图样透明度，如图7-58所示。

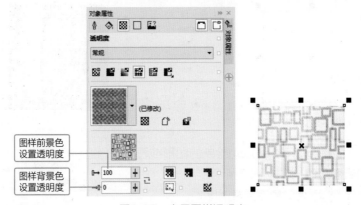

图7-58　向量图样透明度

★　"位图图样透明度"：在"对象属性"中为对象应用位图图样透明度，如图7-59所示。

★　"双色图样透明度"：在"对象属性"中为对象应用双色图样透明度，如图7-60所示。

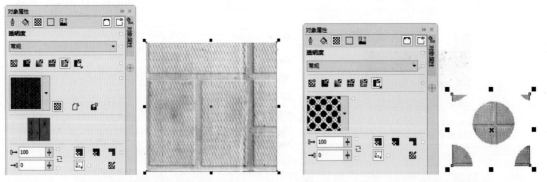

图7-59　位图图样透明度　　　　　　　　图7-60　双色图样透明度

★　"底纹透明度"：在"对象属性"中为对象应用底纹透明度，如图7-61所示。

★　**"滚动/选型卡模式"**：在"滚动"和"选型卡"模式之间转换，选择"滚动"时，"对象属性"泊坞窗会将所有的功能属性都显示出来；选择"选型卡"时，"对象属性"泊坞窗会只显示当前选择功能的属性，如图7-62所示。

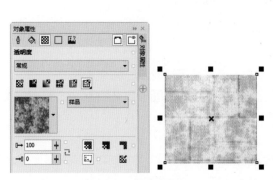

图7-61 底纹透明度

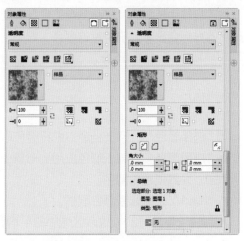

图7-62 滚动/选型卡模式

★ **"样式指示器"：** 用来显示与隐藏样式指示器，如图7-63所示。

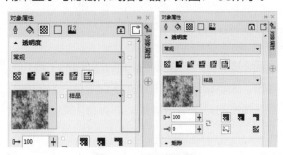

图7-63 样式指示器

7.6 吸管工具

7.6.1 颜色滴管工具

在CorelDRAW X8中，吸管工具包括 ✐ "颜色滴管"和 ✐ "属性滴管"两个工具，一个用来对颜色进行吸取并填充，一个可以将已经应用的属性效果进行复制并对新对象使用。

✐ "颜色滴管工具"是系统提供给用户的取色和填充的辅助工具，可从绘图窗口或桌面的对象中选择并复制颜色，将光标移到需要的颜色范围内，此时会在吸管右下显示吸取颜色，单击鼠标后光标变为颜料桶，拖曳鼠标到要填充的对象单击鼠标，即可将吸取的颜色进行填充，如图7-64所示。

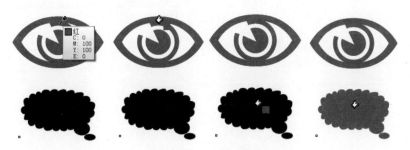

图7-64 吸取并填充

在工具箱中选择 ✐ "颜色滴管工具"，此时属性栏中的 ✐ "选择颜色"按钮处于启用状态，滴管形状的光标会显示当前位置的颜色，如图7-65所示。

图7-65 属性栏

其中的各项含义如下。

★ ✐ "选择颜色"：从文档窗口进行颜色取样。单击一点，即可选取该位置的颜色。

★ ◈ "应用颜色"：将所取色应用到对象上。在图形内部单击，为图形填充颜色，在图形轮廓上单击，为其指定轮廓色。

★ ✐ "1×1"：单像素颜色取样。

★ ✐ "2×2"：对2×2像素区域中的平均颜色值进行取样。

★ ✐ "5×5"：对5×5像素区域中的平均颜色值进行取样。

★ "所选颜色"：显示当前 ✐ "选择颜色"吸取的颜色。

★ "添加到调色板"：将当前吸取的颜色添加到当前调色板中。

7.6.2 属性滴管工具

✐ "属性滴管工具"是系统提供给用户的取色和填充的辅助工具，可为绘图窗口中的对象选择并复制对象属性，如线条粗细、大小和效果。将光标移到带有阴影的对象上单击鼠标，此时光标变为颜料桶，拖曳鼠标到要复制属性的对象单击鼠标，即可将阴影、变换和填充添加到新对象上，如图7-66所示。

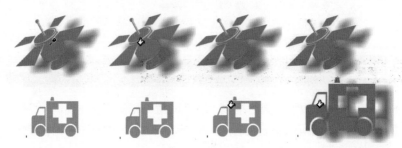

图7-66 复制并应用

在工具箱中选择 ✐ "属性滴管工具"，此时属性栏中的 ✐ "选择对象属性"按钮处于启用状态，以此选择"属性""变换"和"效果"，如图7-67所示。

> **技 巧**
>
> 使用 ✐ "属性滴管工具"时，在属性栏中勾选的复选框越多，被复制的属性内容也就越多。

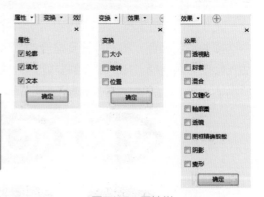

图7-67 属性栏

7.7 网状填充工具

CorelDRAW X8中的 ⊞ "网状填充工具"主要是为造型做立体感的填充。该工具可以轻松地制作出复杂多变的网状填充效果，使用它可以生成一种比较细腻的渐变效果，实现不同颜色之间的自然融合，更好地对图形进行变形和多样填色处理。绘制一个灰色正圆后，使用 ⊞ "网状填充工具"在正圆中双击，即可添加颜色填充点，之后再选择一个颜色，即可得到一个网状填充效果，如图7-68所示。

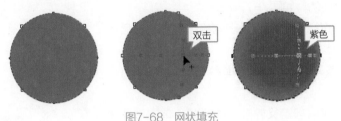

图7-68 网状填充

在工具箱中选择 ⊞ "网状填充工具"后，属性栏会变成 ⊞ "网状填充工具"的选项设置，如图7-69所示。

图7-69 属性栏

其中的各项含义如下。

★ ⊞ "网格大小"：用来选择网状填充的行数与列数，如图7-70所示。

★ "选取模式"：在矩形与手绘之间转换。

★ ⤴ "对网状填充颜色进行取样"：在桌面中吸取任意颜色作为填充颜色。

★ ⊠ "透明度"：用来设置网状填充节点的透明效果。

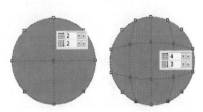

图7-70 不同行与列数

技 巧

在绘制的图形内部，使用 ⊞ "网状填充工具"双击即可在该位置添加一个节点，在节点上双击可以将当前节点删除；使用 ⊞ "网状填充工具"在图形中添加的节点可以随意拖曳，填充颜色也可以根据拖曳的位置进行混合，当光标移动到节点之间的曲线上时按下鼠标，曲线也可以随意调整。

7.8 轮廓笔对话框

"轮廓笔"对话框可以对绘制的轮廓线设置颜色、宽度、样式以及箭头等属性。在状态栏中双击 ✎■ "轮廓笔工具"或按F12键，系统便可以打开"轮廓笔"对话框，如图7-71所示。

图7-71 "轮廓笔"对话框

> **提 示**
>
> 　　在绘图过程中，通过修改对象的轮廓属性，可以起到修饰对象的作用。默认状态下，绘制图形的轮廓线为黑色、宽度为0.2mm、线条样式为直线型。

其中的各项含义如下。

★ **"颜色"**：单击"颜色"按钮，在展开的颜色选取器中选择合适的轮廓颜色，如图7-72所示。

★ **"宽度"**：用户可以根据需求设定轮廓线的宽度，后面是轮廓线的单位。

★ **"样式"**：在该下拉列表中选择系统预设的轮廓线样式。

★ **"编辑样式"**：可以自定义轮廓线的样式，单击"编辑样式"按钮，可以打开"编辑线条样式"对话框，在该对话框中可以自定义设置轮廓线的样式，如图7-73所示。

★ **"角"**：用于设置轮廓线夹角的样式属性，包括斜接角、圆角和平角。

　　★ **"斜接角"**：轮廓线的夹角以尖角显示，如图7-74所示。

　　★ **"圆角"**：轮廓线的夹角以圆角显示，如图7-75所示。

　　★ **"平角"**：轮廓线的夹角以平角显示，如图7-76所示。

图7-72 设置颜色

图7-73 编辑线条样式

图7-74 斜接角

图7-75 圆角

图7-76 平角

★ **"斜接限制"**：指节点连接处所允许的笔画粗细和连接角度。当数值较小时，会在节点处出现尖突，数值较大时尖突会消失，如图7-77所示。

★ **"线条端头"**：用于设置线段或未封闭曲线端头的样式。

　　★ **"方形端头"**：节点在线段边缘，如图7-78所示。

　　★ **"圆形端头"**：以圆头显示端点，使端点更平滑，如图7-79所示。

　　★ **"延伸方形端头"**：添加可延伸长度的方形端头，如图7-80所示。

图7-77 斜接限制

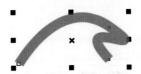
图7-78　方形端头

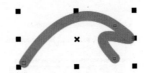
图7-79　圆形端头

图7-80　延伸方形端头

❋ **"箭头"**：用于在线段或未封闭曲线的起点或终点添加箭头样式，如图7-81所示。

❋ **"选项"**：用于对箭头样式进行快速设置和编辑操作，左右两个"选项"按钮用来控制起点与终点的箭头，单击会弹出下拉列表，如图7-82所示。

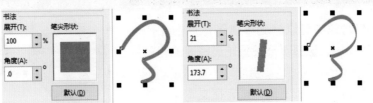
图7-81　箭头　　　图7-82　选项

　★ **"无"**：去掉两段的箭头。

　★ **"对换"**：将起点与终点的箭头进行互换。

　★ **"属性"**：在"箭头属性"对话框中设置与编辑箭头。

　★ **"新建"**：同样在"箭头属性"对话框中设置与编辑箭头。

　★ **"编辑"**：在"箭头属性"对话框中对箭头进行调试。

　★ **"删除"**：可以删除上一次编辑的箭头。

❋ **"共享属性"**：勾选该复选框后，会同时应用"箭头属性"中设置的属性。

❋ **"书法"**：设置书法效果，可以将单一粗细的线条修饰为书法线条，如图7-83所示。

图7-83　书法

　★ **"展开"**：通过输入数值改变线条的笔尖的大小。

　★ **"角度"**：通过输入数值改变线条的笔尖的旋转角度。

　★ **"笔尖形状"**：预览线条笔尖的形状。

　★ **"默认"**：将"展开"与"角度"都复位到初始状态，"展开"为100%、"角度"为0°。

❋ **"填充之后"**：勾选该复选框，轮廓线会在填充颜色的下面，填充颜色会覆盖一部分轮廓线。

❋ **"随对象缩放"**：勾选该复选框，在对图形进行比例缩放时，其轮廓线的宽度会按比例进行相应的缩放。

❋ **"叠印轮廓"**：让轮廓打印在底层颜色上方。

上机实战　**设置自定义轮廓样式**

STEP 1 执行菜单"文件"/"新建"命令，新建一个空白文档，使用□"矩形工具"在文档中绘制矩形，如图7-84所示。

STEP 2 按F12键打开"轮廓笔"对话框，单击"编辑样式"按钮，打开"编辑样式线条"对话框，在其中设置添加黑色小方块，如图7-85所示。

图7-84　绘制矩形

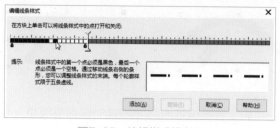

图7-85　编辑样式线条

STEP 3 ▶ 单击"添加"按钮，在"样式"下拉列表中可以看到编辑的线条样式，如图7-86所示。

STEP 4 ▶ 设置完毕后单击"确定"按钮，完成自定义线条的设置，如图7-87所示。

图7-86　样式线条　　　　　　　　　　　图7-87　自定义的线条

| 7.9　轮廓线宽度

轮廓线宽度在对象中可以起到丰富图像内容和增强对象醒目程度的作用，选择需要设置轮廓宽度的对象后，在属性栏中单击  "轮廓宽度"，在弹出的下拉列表中可以选择不同的轮廓宽度，或者在文本框中直接输入数值，来设置轮廓的宽度，数值越大，轮廓线越宽，如图7-88所示。

图7-88　不同宽度的轮廓线

> **提示**
>
> 对于轮廓的宽度，还可以通过"轮廓笔"对话框和"对象属性"泊坞窗来进行设置。

| 7.10　消除轮廓线

轮廓线在绘制时默认宽度为0.2mm、颜色为黑色，如果不想要轮廓线的话，可以在"颜色表"泊坞窗中右击☒"无填充"色块，可以将对象的轮廓线消除；在属性栏中单击 "轮廓宽度"，在弹出的下拉列表中选择"无"，即可将轮廓线去掉；打开"轮廓笔"对话框，在"宽度"选项中选择"无"，以此来消除轮廓线；执行菜单"窗口"/"泊坞窗"/"对象属性"命令，打开"对象属性"泊坞窗，单击  "轮廓宽度"，在弹出的下拉列表中选择"无"，即可消除轮廓线，如图7-89所示。

图7-89　消除轮廓线

7.11 轮廓线颜色

设置轮廓线的颜色可以更加有效地将轮廓线与对象进行区分，也可以让轮廓线更加丰富多彩。选择对象后，在"颜色表"泊坞窗中右击需要的色块，可以将对象的轮廓线按选择的颜色进行填充；打开"轮廓笔"对话框，在"颜色"下拉列表中选择需要的颜色，可以改变轮廓线的颜色；打开"对象属性"泊坞窗，单击"轮廓颜色"，在弹出的下拉列表中选择需要的颜色，即可改变轮廓线的颜色，如图7-90所示。

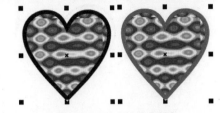

图7-90 改变轮廓线颜色

7.12 轮廓线样式

应用不同轮廓线的样式，可以大大提升图形的美观度，并且还可以起到醒目和提示的作用。打开"轮廓笔"对话框，在"轮廓样式"下拉列表中选择需要的样式，可以改变轮廓线样式；执行菜单"窗口"/"泊坞窗"/"对象属性"命令，打开"对象属性"泊坞窗，单击"轮廓样式"，在弹出的下拉列表中选择需要的样式，即可改变轮廓线的样式。应用不同的轮廓线样式，效果如图7-91所示。

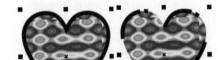
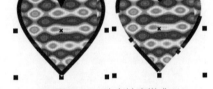

图7-91 改变轮廓样式

7.13 轮廓线转换为对象

CorelDRAW X8中的轮廓线，在编辑时除了调整宽度、均匀颜色填充、改变样式效果外，是不能对其进行渐变填充、图案填充等填充操作的，只有将绘制的轮廓线转换为对象后，才能赋予其多种功能的填充效果。

选择要编辑的轮廓后，执行菜单"对象"/"将轮廓转换为对象"命令，即可将其转换为对象，如图7-92所示。

转换为对象后，就可以对其进行图样、渐变等填充了，效果如图7-93所示。

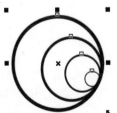

图7-92 转换为对象

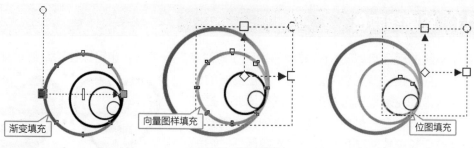

渐变填充　　向量图样填充　　位图填充

图7-93　填充对象

7.14　综合练习：三维图形的绘制

　　由于篇幅所限，本章中的实例只介绍技术要点和简单的制作流程，具体的操作步骤读者可以根据本书附带的教学视频来学习。

实例效果图	技术要点
	✦　矩形工具
	✦　椭圆形工具
	✦　多边形工具
	✦　线性渐变填充
	✦　椭圆形渐变填充
	✦　圆锥渐变填充
	✦　透明度工具
	✦　底纹填充
	✦　PostScript填充

制作流程：

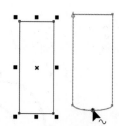 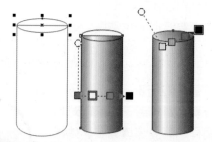

STEP 1 新建文档，在页面中绘制一个矩形，按Ctrl+Q键将矩形转换为曲线，使用 "形状工具"将矩形底部调整为椭圆形。

STEP 2 绘制椭圆形，为矩形和椭圆填充线性渐变色。

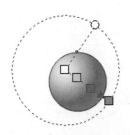

STEP 3 ▶ 绘制正圆，填充椭圆形渐变色。

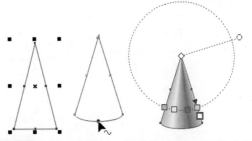

STEP 4 ▶ 绘制三角形，转换为曲线，调整曲线后填充圆锥渐变。

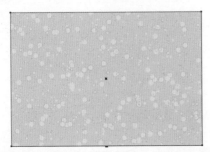

STEP 5 ▶ 绘制矩形，填充灰色，复制矩形再进行PostScript填充。

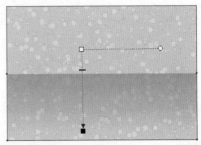

STEP 6 ▶ 绘制矩形，填充灰色，使用线性透明进行透明度调整。

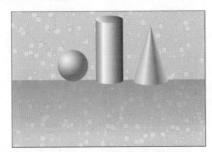

STEP 7 ▶ 将绘制的立体图形拖曳到背景上。

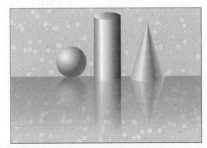

STEP 8 ▶ 复制图形进行垂直翻转后，应用渐变透明度调整倒影，至此本例制作完毕。

| 7.15 综合练习：轮廓线编辑图形制作自行车广告

实例效果图	技术要点
	✦ 椭圆形工具
	✦ 箭头形状工具
	✦ 文本工具
	✦ 手绘工具绘制曲线，设置样式
	✦ 填充轮廓，设置样式
	✦ 设置轮廓笔

制作流程:

STEP 1 新建文档,导入素材,将其放置到合适的位置。

STEP 2 输入文字。　　　　　　　STEP 3 为文字设置轮廓宽度。

STEP 4 绘制正圆和箭头图形,设置轮廓样式。　　STEP 5 绘制线条曲线,设置轮廓样式和宽度,完成本例的制作。

7.16 练习与习题

1. 练习

练习交互式填充工具的使用。

2. 习题

(1) 可以在多个封闭轮廓中任意填充颜色的工具是哪个?(　　)

　　A. 智能填充工具　　　　　　　B. 位图图样填充

　　C. 双色图样填充　　　　　　　D. 线性渐变填充

(2) "颜色滴管"取样时可以应用在哪几个范围内?(　　)

　　A. 1×1　　　　B. 2×2　　　　C. 3×3　　　　D. 5×5

第 8 章

创建对象特殊效果

通过前面章节的学习，用户已经对图形的基本绘制、对象的编辑、对象的填充等有所了解，但这只是CorelDRAW X8强大功能的一部分，要创作出具有专业水准的作品，还应当使用CorelDRAW X8提供的各种特效工具。通过这些特效工具，可以创建调和效果、轮廓图效果、阴影效果、立体化效果以及添加透视点等特殊效果。

| 8.1 调和效果   🔍   ➡

调和效果可以使两个分离的矢量图形对象之间产生形状、颜色、轮廓及尺寸上的平滑变化，在调和过程中，对象的外形、填充方式、节点位置和步数都会直接影响调和结果。选择工具箱中的 🖉 "调和工具"，在其中一个对象上按下鼠标拖曳到另一个对象上，松开鼠标，系统便可以为两个对象创建调和效果，如图8-1所示。此时属性栏会变为 🖉 "调和工具"对应的选项内容，如图8-2所示。

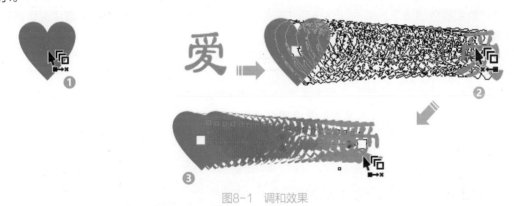

图8-1 调和效果

图8-2 调和工具属性栏

其中的各项含义如下。

★ **"预设列表"**：单击此下拉列表，用户可以选择CorelDRAW X8系统自带的几种调和方式。

★ 🔳 **"对象原点"**：定位或变换对象时，设置要使用的参考点。

★ **"对象位置"**：在该文本框中显示了对象在绘图页面中的位置。

★ **"对象大小"**：在该文本框中显示了当前对象的大小。

★ ⤵ **"调和步长"**：将调和放置到新路径上后，该按钮会被激活，单击即可按照已经确定的步长和固定的间距进行调和。

★ ☞ "调和间距"：设置与路径匹配调和中对象之间的距离，仅在调和已附加到路径时适用。

★ ☞ "调和对象"：此文本框用于调整对象步长数和对象之间的距离。

★ ☞ "调和方向"：在该文本框中输入数值，可设置对象的调和角度。

★ ☞ "环绕调和"：单击该按钮，调和的中间对象除了自身的旋转外，同时将以起始对象和终点对象的中间位置为旋转中心进行旋转分布，形成一种弧形旋转调和效果。

> **提 示**
>
> ☞ "环绕调和"按钮只有在使用了 ☞ "调和方向"功能之后，才能被激活。

★ ☞ "路径属性"：单击此按钮可以打开一个选项菜单，通过此菜单可以为调和对象设置新的路径、显示路径、从路径分离，如图8-3所示。

图8-3 路径属性

★ ☞ "直接调和"：直接调和图形颜色，如图8-4所示。

★ ☞ "顺时针调和"：顺时针调和图形颜色，如图8-5所示。

★ ☞ "逆时针调和"：逆时针调和图形颜色，如图8-6所示。

图8-4 直接调和

图8-5 顺时针调和

图8-6 逆时针调和

★ ☞ "对象和颜色加速"：单击此按钮后，在弹出的下拉面板中，通过拖动控制滑块设置调和中对象显示与颜色更改的速率，如图8-7所示。

> **提 示**
>
> 在 ☞ "对象和颜色加速"中，单击 🔒 "锁定"按钮后，拖曳控制滑块可以同时调整 ☞ "对象"和 ☞ "颜色"；解锁后，拖曳控制滑块可以单独对 ☞ "对象"和 ☞ "颜色"进行调整。

★ ☞ "调整加速大小"：用于设置混合图形之间对象大小更改的颜色疏密程度。

★ ☞ "更多调和选项"：单击此按钮，在弹出的下拉菜单中包括"映射节点""拆分""熔合始端""熔合末端""沿全路径调和"和"旋转全部对象"几项，如图8-8所示。

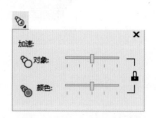
图8-7 对象和颜色加速

图8-8 更多调和选项

★ "映射节点"：将调和对象形状的节点映射到结束形状的节点上，改变调和形状，过程如图8-9所示。

图8-9 映射节点

★　"拆分"：将调和从中间截为两个调和，如图8-10所示。

图8-10　拆分

★　"熔合始端"：将拆分后的调和按照起始端位置重新熔合。

★　"熔合末端"：将拆分后的调和按照结束端位置重新熔合。

★　"起始和结束属性"：单击此按钮，可以打开一个选项菜单，通过此菜单可以显示调和及对象的起点和终点，如图8-11所示。

★　"复制调和属性"：单击此按钮，可以将一个应用调和属性的对象效果复制到当前调和及效果上。

图8-11　起始和结束属性

★　"清除调和"：单击此按钮，清除对象的调和效果。

> **提　示**
>
> 　　创建调和后，执行菜单"效果"/"调和"命令，可以打开"调和"泊坞窗，在"调和"泊坞窗中同样可以对调和进行参数设置。

8.1.1　创建调和效果

　　在为对象或轮廓创建调和效果的时候，可以是形状之间创建调和、曲线之间创建调和、形状与曲线之间创建调和。

上机实战　在形状之间创建调和

STEP 1　使用□"矩形工具"和○"椭圆形工具"在页面中分别绘制一个矩形和一个椭圆，如图8-12所示。

STEP 2　使用"调和工具"在绘制的矩形上按下鼠标，如图8-13所示。

图8-12　绘制形状 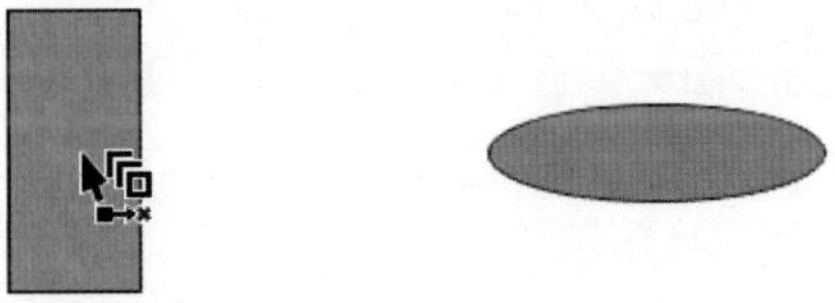　　　　　　　　　　　　　　　图8-13　选择

STEP 3　按下鼠标后向右侧的椭圆上拖动鼠标，将光标停留在椭圆上，如图8-14所示。

STEP 4　松开鼠标后，调和效果便创建出来了，效果如图8-15所示。

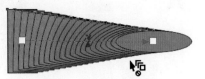

图8-14　拖曳鼠标　　　　　　　　　　　　　　　图8-15　创建的调和效果

上机实战 **在形状与曲线之间创建调和**

STEP 1 ▶ 使用 ☆ "星形工具"和 ✎ "贝塞尔工具"在页面中分别绘制一个五角星和一条曲线，如图8-16所示。

STEP 2 ▶ 使用 ◔ "调和工具"在绘制的五角星上按下鼠标，如图8-17所示。

STEP 3 ▶ 按下鼠标后向右侧的曲线上拖动鼠标，将光标停留在曲线上，如图8-18所示。

图8-16 绘制形状和曲线

图8-17 选择

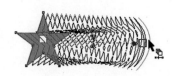
图8-18 拖曳鼠标

技 巧

形状与曲线之间创建调和时，必须要有轮廓线存在，创建的调和只是轮廓线之间的调和。

STEP 4 ▶ 松开鼠标后，调和效果便创建出来了，效果如图8-19所示。

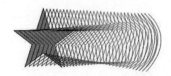
图8-19 创建的调和效果

技 巧

轮廓线创建调和时，改变其中的一个轮廓宽度后，调和后的效果会出现轮廓线宽度之间的一个过渡。

上机实战 **多个对象之间创建调和**

STEP 1 ▶ 使用 □ "矩形工具"、○ "椭圆形工具"和 ☆ "星形工具"在页面中分别绘制一个矩形、一个正圆形和一个五角星，如图8-20所示。

STEP 2 ▶ 使用 ◔ "调和工具"在绘制的五角星上按下鼠标向正圆上拖曳鼠标，松开鼠标后创建调和，如图8-21所示。

STEP 3 ▶ 在空白处单击一下鼠标，使用 ◔ "调和工具"在绘制的正圆上按下鼠标向矩形上拖曳鼠标，松开鼠标后创建调和效果，如图8-22所示。

图8-20 绘制形状

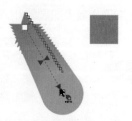
图8-21 创建调和1

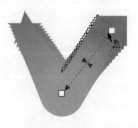
图8-22 创建调和2

技 巧

使用 "调和工具"在不同对象之间创建调和时，不但可以以直线的形式进行创建，还可以通过按住Alt键的同时，按下鼠标以曲线路径拖动到另一个对象上，松开鼠标可以创建一个曲线的调和效果，过程如图8-23所示。

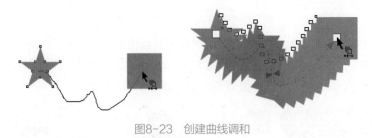

图8-23 创建曲线调和

8.1.2 编辑调和效果

创建调和后，还可以对调和进行详细编辑，从而使调和效果令人满意，本节通过上机实战的方式进行讲解。

上机实战 改变调和顺序

STEP 1 绘制两个对象，并进行调和，如图8-24所示。

STEP 2 选择工具箱中的 "选择工具"，在右侧正圆上单击鼠标将其选取，如图8-25所示。

STEP 3 选择正圆后，按Shift+PgDn键将其顺序放在最底层，效果如图8-26所示。

图8-24 调和的对象

图8-25 选取正圆

图8-26 调整顺序后效果

提 示

创建调和后，执行菜单"对象"/"顺序"/"逆序"命令，可以将调和顺序进行起始与终结对换。

上机实战 变更起始和终止调和对象

STEP 1 绘制一个矩形和一个正圆，为其添加调和效果，如图8-27所示。

STEP 2 在调和效果下方绘制一个五角星，按Shift+PgDn键将其顺序放在最底层，如图8-28所示。

STEP 3 选择调和对象后，在属性栏中单击 "起始和结束属性"按钮，在下拉列表中选择"新起点"命令，如图8-29所示。

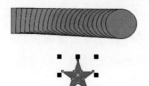
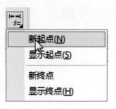

图8-27　调和效果　　　　　图8-28　绘制五角星　　　　　图8-29　选择命令

STEP 4 在五角星上单击，此时会改变之前调和对象的起点位置，如图8-30所示。

STEP 5 返回到步骤2，将五角星调整到最顶层，选择调和对象后，在属性栏中单击 "起始和结束属性"按钮，在下拉菜单中选择"新终点"命令，如图8-31所示。

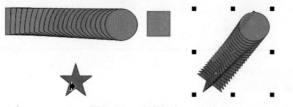

图8-30　改变起点　　　　　　　　　　　　图8-31　选择命令

STEP 6 在五角星上单击，此时会改变之前调和对象的终点位置，如图8-32所示。

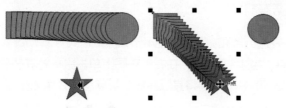

图8-32　改变终点

上机实战　**将对象沿路径调和**

STEP 1 使用工具箱中的 "矩形工具"在绘图窗口中绘制两个矩形，分别填充为"青色"和"橙色"，并去掉其轮廓线，如图8-33所示。

STEP 2 单击 "调和工具"按钮，将两个矩形进行调和，效果如图8-34所示。

图8-33　绘制的矩形　　　　　　　　　　　图8-34　矩形调和后效果

STEP 3 使用 "手绘工具"绘制一条如图8-35所示的曲线。

STEP 4 使用 "选择工具"选择调和后的对象，单击属性栏中的 "路径属性"按钮，在弹出的下拉菜单中选择"新路径"命令，如图8-36所示。

图8-35　绘制的曲线　　　　　　　　　　图8-36　选择"新路径"命令

STEP 5 此时光标形状会变为 ✍，在步骤3中绘制的曲线上单击，此时调和后对象的效果如图8-37所示。

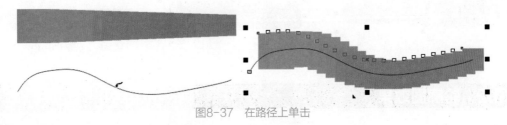

图8-37 在路径上单击

STEP 6 使用 ▶ "选择工具"在左侧青色的矩形上单击将其选取，如图8-38所示。

STEP 7 选取左侧的矩形后，沿路径向左侧拖曳鼠标，直到出现如图8-39所示的效果即可。

图8-38 选中的矩形

图8-39 拖曳矩形后效果

技 巧

将调和应用到新路径后，在属性栏中单击 ⧆ "更多调和选项"按钮，在弹出的下拉菜单中选择"沿全路径调和"命令，可以将调和对象沿整个路径进行调和。

上机实战 **复制调和效果属性**

STEP 1 制作两个调和效果，选择上面的调和效果，在属性栏中单击 ▣ "复制调和属性"按钮，此时会出现箭头光标，将光标移动到下面的调和对象上，如图8-40所示。

STEP 2 在下面的调和对象上单击，即可将下面的调和属性复制到上面的调和对象中，效果如图8-41所示。

图8-40 选择对象

图8-41 复制调和属性

上机实战 **拆分调和对象**

STEP 1 绘制两个对象，创建调和效果，选择调和后的对象，如图8-42所示。

STEP 2 执行菜单"对象"/"拆分调和对象群组"命令，此时选择中间的对象向下拖动，会发现起点和终点对象被单独拆分开来，如图8-43所示。

STEP 3 再次执行菜单"对象"/"组合"/"取消组合对象"命令，此时会将每个对象都单独分离开来，效果如图8-44所示。

| 图8-42 选择对象 | 图8-43 拆分 | 图8-44 取消组合 |

8.2 轮廓图效果

轮廓图效果可以使选定对象的轮廓向中心、向内或向外增加一系列的同心线圈，产生一种放射的层次效果。选择工具箱中的 ◎ "轮廓图工具"，在绘制的对象轮廓上按下鼠标，将鼠标向中心拖曳，松开鼠标后，系统便可以为当前轮廓线创建轮廓图，如图8-45所示。此时属性栏会变为 ◎ "轮廓图工具"对应的选项设置，如图8-46所示。

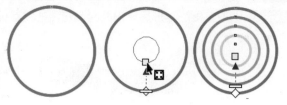

图8-45 轮廓图

图8-46 轮廓图工具属性栏

其中的各项含义如下。

★ ◎ **"到中心"**：四周的轮廓线向对象中心平均收缩。

★ ◎ **"内部轮廓"**：所选对象轮廓自动向内收缩。

★ ◎ **"外部轮廓"**：所选对象轮廓自动向外扩展。

★ ◎ **"轮廓图步长"**：用于设置轮廓图的扩展个数，数值越大，轮廓越密集。

★ ◎ **"轮廓图偏移"**：设置的数值越大，轮廓线与轮廓线之间的距离越大。

★ ◎ **"轮廓图角"**：用来设置轮廓图角的样式，包含"斜接角""圆角"和"斜切角"3种效果，如图8-47所示。

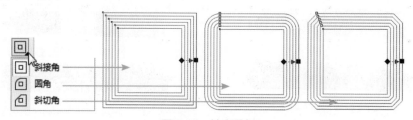

图8-47 轮廓图角

> **技 巧**
>
> ◎ "轮廓图角"效果中的"圆角"和"斜切角"只能应用在 ◎ "外部轮廓"中。

★ ◎ **"轮廓色"**：用来设置轮廓色的渐变序列，包含"线性轮廓色""顺时针轮廓色"和"逆时针轮廓色"3种轮廓色渐变序列，如图8-48所示。

    ★ **"线性轮廓色"**：单击此按钮，可使轮廓对象按色谱做直线渐变。

★　"顺时针轮廓色"：单击此按钮，可使轮廓对象按色谱做顺时针渐变。

★　"逆时针轮廓色"：单击此按钮，可使轮廓对象按色谱做逆时针渐变。

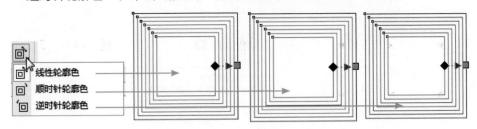

图8-48　轮廓色

★　▣·"轮廓线色"：用于设置轮廓线的颜色，如图8-49所示。

★　▣·"填充色"：用于设置创建轮廓图填充色的颜色，如图8-50所示。

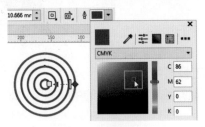
图8-49　轮廓线色

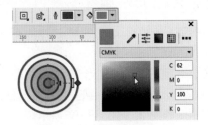
图8-50　填充色

★　■·"最后一个填充选取器"：用来设置填充的第二种颜色，前提是填充颜色必须是渐变色，如图8-51所示。

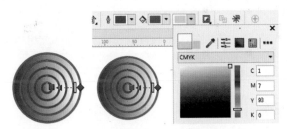

图8-51　最后一个填充选取器

> **技 巧**
>
> 创建轮廓图后，执行菜单"效果"/"轮廓图"命令，可以打开"轮廓图"泊坞窗，在该泊坞窗中同样可以对轮廓图进行参数设置。

8.2.1　创建轮廓图

在CorelDRAW X8中，创建轮廓图的对象可以是封闭路径，也可以是开放路径，还可以是美术字文本对象。在创建过程中有"到中心""内部轮廓"和"外部轮廓"3种。

上机实战　创建中心轮廓图

STEP 1　使用☆"星形工具"在页面中绘制一个五角星，如图8-52所示。

STEP 2 ▶ 选择工具箱中的 🔲 "轮廓图工具"，在属性栏中单击 🔲 "到中心"按钮，如图8-53所示。

图8-52 绘制形状

图8-53 设置轮廓图属性

STEP 3 ▶ 选择五角星边缘向中心拖曳，此时会自动生成从边框到中心的渐变层次效果，如图8-54所示。

图8-54 到中心

上机实战 | 创建内部轮廓

STEP 1 ▶ 使用 ⭕ "多边形工具"在绘图窗口中绘制一个五边形，如图8-55所示。

STEP 2 ▶ 确认绘制的五边形处于被选中状态，选择工具箱中的 🔲 "轮廓图工具"，此时光标形状变为 🔩 ，按住鼠标左键向绘制的五边形的中间拖曳，即可创建"内部轮廓"的轮廓图效果，如图8-56所示。

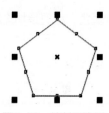

图8-55 绘制五边形

图8-56 创建的内部轮廓图效果

上机实战 | 创建外部轮廓

STEP 1 ▶ 使用 ⭕ "椭圆形工具"按住Ctrl键在绘图窗口中绘制一个正圆，如图8-57所示。

STEP 2 ▶ 确认绘制的正圆处于被选中状态，选择工具箱中的 🔲 "轮廓图工具"，此时光标形状变为 🔩 ，按住鼠标左键向绘制的正圆的外部拖曳，即可创建"外部轮廓"的轮廓图效果，如图8-58所示。

图8-57 绘制正圆

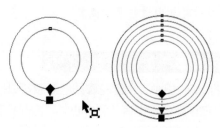

图8-58 创建的外部轮廓图效果

8.2.2 编辑轮廓图

为对象创建轮廓图后，可以对其进行轮廓步长、偏移量、改变轮廓颜色、调整对象加速等设置，本节通过上机实战的方式进行讲解。

上机实战 修改步长值和轮廓图偏移量

STEP 1▶ 使用◯"椭圆形工具"绘制一个"轮廓宽度"为1.0mm的红色正圆，并使用⬛"轮廓图工具"将正圆创建轮廓图，如图8-59所示。

STEP 2▶ 确认创建轮廓图后的正圆处于被选中状态，将属性栏中的 ⬛ "轮廓图步长"数值设置为4，⬛ 10.666 mm ⬛ "轮廓图偏移"数值设置为5，设置完成后的效果如图8-60所示。

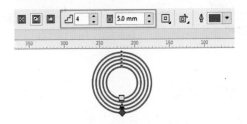

图8-59 绘制正圆并创建轮廓图　　　　图8-60 修改轮廓图步长和偏移后效果

上机实战 设置轮廓图颜色

STEP 1▶ 使用◯"椭圆形工具"绘制一个正圆，并使用⬛"轮廓图工具"将正圆创建轮廓图，如图8-61所示。

STEP 2▶ 确认创建轮廓后的正圆处于被选中状态，在属性栏中设置 ⬛ □▼ "轮廓线色"为绿色，如图8-62所示。

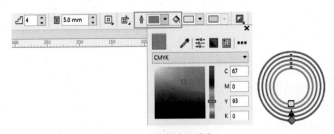

图8-61 绘制图形并创建轮廓图　　　　图8-62 设置轮廓线色

STEP 3▶ 确认创建轮廓后的正圆处于被选中状态，右击绘图窗口右侧调色板中的蓝色色块，将其轮廓线设置为蓝色，设置完成后效果如图8-63所示。

STEP 4▶ 单击绘图窗口右侧调色板中的青色色块，将对象进行填充，填充后的效果如图8-64所示。

图8-63 设置轮廓色后效果　　　　　　图8-64 对象填充后效果

上机实战 **设置对象和颜色加速**

STEP 1 ▶ 选中添加颜色后的轮廓图对象，如图8-65所示。

STEP 2 ▶ 单击属性栏中的▣ "对象和颜色加速"按钮，在其下方会弹出如图8-66所示的下拉面板。

STEP 3 ▶ 调整▣ "对象和颜色加速"按钮的下拉面板中的滑动杆，可以调整对象和颜色的加速，如图8-67所示。

STEP 4 ▶ 调整完成后效果如图8-68所示。

图8-65 选中的对象

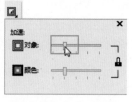
图8-66 下拉面板 图8-67 调整滑动杆

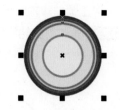
图8-68 调整完成后效果

上机实战 **清除轮廓图**

STEP 1 ▶ 选择☆ "星形工具"，按住Ctrl键的同时拖曳鼠标，绘制一个正星形，如图8-69所示。

STEP 2 ▶ 再次使用☆ "星形工具"在步骤1中绘制的星形的内侧绘制一个小星形，如图8-70所示。

图8-69 绘制的星形 图8-70 绘制的小星形

STEP 3 ▶ 使用▶ "选择工具"框选的方法将绘制的两个星形全部选取，单击属性栏中的▣ "对齐与分布"按钮，在弹出的"对齐与分布"泊坞窗中单击"垂直居中"按钮和"水平居中"按钮，如图8-71所示。

STEP 4 ▶ 设置完成后，此时星形的效果如图8-72所示。

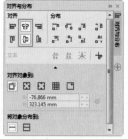
图8-71 "对齐与分布"泊坞窗 图8-72 对齐后的效果

STEP 5 ▶ 使用▣ "轮廓图工具"，沿大星形向小星星拖曳鼠标，为星形创建轮廓图效果，如图8-73所示。

STEP 6 ▶ 如不满意创建的轮廓图效果，就可以将效果删除，单击属性栏中的▒ "清除轮廓"按钮，即可将创建的轮廓图效果删除，如图8-74所示。

图8-73 创建的轮廓图效果 图8-74 删除轮廓图效果后

8.3 变形工具

使用工具箱中的 🖸 "变形工具"可以使对象不规则地改变外观，让变形操作更加方便快捷。选择工具箱中的 🖸 "变形工具"，在绘制的对象上按下鼠标左键向外拖曳，松开鼠标后，系统便可以为当前对象创建变形效果，如图8-75所示。此时属性栏会变为 🖸 "变形工具"对应的选项设置，如图8-76所示。

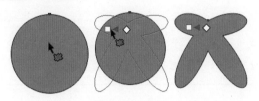

图8-75 变形

图8-76 变形工具属性栏

其中的各项含义如下。

★ ⊕ "推拉变形"：单击此按钮，按住鼠标左键在选中的对象上拖曳，可以将选中的对象添加推拉变形效果。

★ ⚙ "拉链变形"：单击此按钮，按住鼠标左键在选中的对象上拖曳，可以将选中的对象添加拉链变形效果。

★ ℵ "扭曲变形"：单击此按钮，按住鼠标左键在选中的对象上拖曳，可以将选中的对象添加扭曲变形效果。

★ ⊕ "居中变形"：将对象进行变形效果后，该按钮才可用。单击此按钮，从对象的中间进行变形效果，如图8-77所示的效果为居中与非居中时变形的对比。

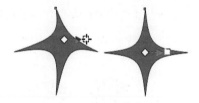

★ ⋀72 ⁝ "推拉振幅"：通过设置数值，可以控制对象的变形效果。

★ 🖸 "添加新的变形"：对已经变形的对象添加变形效果。

图8-77 居中变形对比

8.3.1 推拉变形

推拉变形允许推进对象的边缘，或拉出对象的边缘使对象变形，推拉变形只能在水平方向上进行推拉，并且左右拖曳后得到的变形效果是不同的。

上机实战 创建推拉变形

STEP 1 使用 ○ "椭圆形工具"绘制正圆，选择 🖸 "变形工具"后，在属性栏中单击 ⊕ "推拉变形"按钮，如图8-78所示。

STEP 2 按下鼠标向右拖曳，单击 ⊕ "居中变形"按钮，效果如图8-79所示。

STEP 3 按下鼠标向左拖曳，单击 ⊕ "居中变形"按钮，效果如图8-80所示。

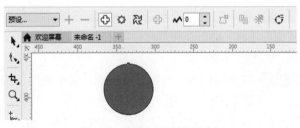

图8-78 绘制正圆并设置变形

图8-79　变形1　　　　　　　　　图8-80　变形2

技巧

　　应用⊕"推拉变形"时，可以通过直接在属性栏中设置 ⋀72 ⫶ "推拉振幅"的数值来确定变形效果，正数时变形效果相当于鼠标向右拖动，负数时变形效果相当于鼠标向左拖动。

8.3.2 拉链变形

　　拉链变形允许将锯齿效果应用于对象的边缘，可以调整效果的振幅与频率，在属性栏中单击☼ "拉链变形"按钮后，属性栏会变成☼ "拉链变形"对应的选项设置，如图8-81所示。

图8-81　拉链变形属性栏

　　其中的各项含义如下。

✱　⋀0⫶ **"拉链振幅"**：用于设置拉链变形中锯齿的高度，如图8-82所示。

✱　⤳0⫶ **"拉链频率"**：用于设置拉链变形中锯齿的数量，如图8-83所示。

图8-82　不同振幅　　　　　　　　　图8-83　不同频率

✱　⊠ **"随机变形"**：单击此按钮，可以将拉链变形效果按系统默认方式随机变形。

✱　⊠ **"平滑变形"**：单击此按钮，可以将拉链变形节点变得平滑。

✱　⊠ **"局限变形"**：单击此按钮，可以将拉链变形降低变形效果。

上机实战　创建拉链变形

STEP 1 使用 ◯ "椭圆形工具"绘制正圆，选择☒ "变形工具"后，在属性栏中单击☼ "拉链变形"按钮，如图8-84所示。

STEP 2 按下鼠标向右拖曳，单击⊕ "居中变形"按钮，效果如图8-85所示。

STEP 3 单击☼ "添加新的变形"按钮，使用☼ "拉链变形"再次拖曳鼠标，效果如图8-86所示。

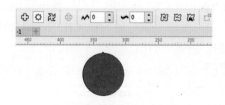

图8-84　绘制正圆并设置变形

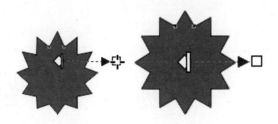

图8-85 变形1　　　　　　图8-86 变形2

8.3.3 扭曲变形

扭曲变形可以旋转选择的对象，形成漩涡效果，在属性栏中单击 "扭曲变形" 按钮后，属性栏会变成 "扭曲变形" 对应的选项设置，如图8-87所示。

图8-87 扭曲变形属性栏

其中的各项含义如下。

★ "顺时针旋转"：单击此按钮，可以将扭曲变形进行顺时针方向旋转，如图8-88所示。
★ "逆时针旋转"：单击此按钮，可以将扭曲变形进行逆时针方向旋转，如图8-89所示。

图8-88 顺时针旋转　　　　　　图8-89 逆时针旋转

★ "完整旋转"：用数值直接控制旋转扭曲变形的次数，如图8-90所示。
★ "附加度数"：用数值直接控制超出完整旋转的度数，如图8-91所示。

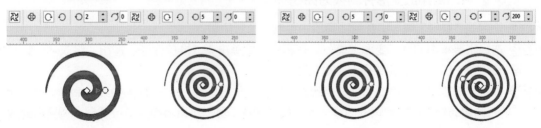

图8-90 完整旋转　　　　　　图8-91 附加度数

上机实战 创建扭曲变形

STEP 1 使用 "星形工具" 绘制一个五角星，填充为 "红色"，选择 "变形工具" 后，在属性栏中单击 "扭曲变形" 按钮，如图8-92所示。

STEP 2 在属性栏中选择 "逆时针旋转" 按钮，设置 "完整旋转" 为1，如图8-93所示，设置 "附加度数" 为50，如图8-94所示。

图8-92 绘制五角星并设置变形

图8-93 变形1

图8-94 变形2

STEP 3 ▶ 单击 "清除变形"按钮,恢复之前绘制的五角星,使用鼠标直接在五角星上按下鼠标进行顺时针旋转,效果如图8-95所示。

STEP 4 ▶ 单击 "清除变形"按钮,恢复之前绘制的五角星,使用鼠标直接在五角星上按下鼠标进行逆时针旋转,效果如图8-96所示。

图8-95 变形3

图8-96 变形4

> **技 巧**
>
> 使用 "扭曲变形"对绘制的图形进行旋转变形时,选择的起点就是对象的旋转中心点。

8.3.4 将变形对象转换为曲线

在CorelDRAW X8中,将对象进行变形后,还可以将变形后的对象转换为可以编辑的曲线来进行编辑。

上机实战 **将对象添加变形并转换为曲线**

STEP 1 ▶ 使用 ☆ "星形工具",在绘图窗口中绘制一个五角星。

STEP 2 ▶ 选择工具箱中的 "变形工具",在属性栏中单击 "推拉变形"按钮,修改 72 "推拉振幅"数值为-67,设置完成后五角星的效果如图8-97所示。

STEP 3 ▶ 确认变形后的五角星处于被选择状态,执行菜单"排列"/"转换为曲线"命令,此时就将变形后的五角星转换为可以编辑的曲线,使用 "形状工具"可以将节点进行调整,调整后的效果如图8-98所示。

图8-97 五角星变形后的效果

图8-98 调整后的效果

8.4　封套工具

封套是通过操纵边界框来改变对象的形状，其效果有点类似于印在橡皮上的图案，扯动橡皮，则图案会随之变形。使用工具箱中的 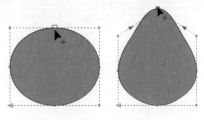 "封套工具"，可以方便快捷地创建对象的封套效果，如图8-99所示。此时属性栏会变为 "封套工具"对应的选项，如图8-100所示。

图8-99　封套变形

图8-100　封套工具属性栏

其中的各项含义如下。

★ ▼ "选取模式"：设置封套的选择方式，有矩形和手绘两种方式。

★ "非强制模式"：单击此按钮可以任意拖曳封套节点，添加或删除节点，制作自己想要的外形(通常这个按钮是默认被开启的)，如图8-101所示。

图8-101　非强制模式

★ "直线模式"：单击此按钮可启动"直线模式"，"直线模式"只能对封套节点进行水平或垂直移动，使封套的外形呈直线式的变化，如图8-102所示。

图8-102　直线模式

★ "单弧模式"：单击此按钮可使封套外形的某一边呈单弧形的曲线变化，如图8-103所示。

图8-103　单弧模式

★ "双弧模式"：单击此按钮可使封套外形的某一边呈双弧形曲线变化，使对象变形形成S形弧度，如图8-104所示。

图8-104 双弧模式

★ 自由变形 ▼ **"映射模式"**：在此下拉列表中可以改变对象的变形方式。

★ ⊠ **"保留线条"**：单击此按钮，可以使应用封套的图形保留图形中的直线不变。

★ ⊡ **"添加新封套"**：单击此按钮，可以在已改动过的封套上再添加一个新封套。

★ ⊡ **"创建封套自"**：单击此按钮，可以把另一个封
套的外形复制到当前的封套对象上，激活此选项
后，光标会变成箭头，使用此箭头在图形上单击，
即可用选择图形的外形对源对象进行封套变形，如
图8-105所示。

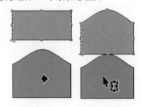

图8-105 创建封套自

> **技 巧**
>
> 绘制图形后，执行菜单"效果"/"封套"命令，可以打开"封套"泊坞窗，在该泊坞窗中同样可以对图形进行封套设置。

8.5 阴影工具

使用⊡"阴影工具"可以为对象添加阴影效果，增加景深和视觉层次，使图像更加逼真。使用⊡"阴影工具"在对象上拖曳就可以为其添加阴影，如图8-106所示。此时属性栏会变为⊡"阴影工具"对应的选项设置，如图8-107所示。

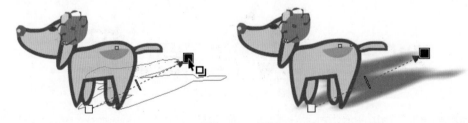

图8-106 阴影

图8-107 阴影工具属性栏

其中的各项含义如下。

★ ⊡ 22 + **"阴影方向"**：用来设置阴影的角度方向，数值为-360~360。

★ ⊡ 50 + **"阴影延展"**：用来设置阴影的延伸长度，数值为0~100。

★ ⊡ 0 + **"阴影淡出"**：在此项中可以调节阴影的淡出效果，数值越大，阴影外端越透明，此选项只有在设置有角度的阴影时才会被激活。

★ 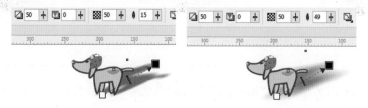 **"阴影的不透明"**：在此项中可以调节阴影的不透明度，数值为0~100，数值越大颜色越深，数值越小颜色越淡。

★ **"阴影羽化"**：在此项中输入数值，可以调节阴影边缘的羽化程度，使边缘更加柔和，数值越大边缘越柔和，如图8-108所示。

图8-108　阴影羽化

★ **"阴影羽化方向"**：单击此按钮会弹出下拉面板，在此下拉面板中用户可以选择不同的羽化方向，如图8-109所示。

　　★ **"高斯式模糊"**：单击此项，阴影以高斯模糊的状态开始计算羽化值，如图8-110所示。

　　★ **"向内"**：单击此项，阴影从内部开始计算羽化值，如图8-111所示。

　　★ **"中间"**：单击此项，阴影从中间开始计算羽化值，如图8-112所示。

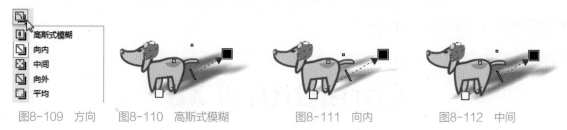

图8-109　方向　　　图8-110　高斯式模糊　　　图8-111　向内　　　图8-112　中间

　　★ **"向外"**：单击此项，阴影从外部开始计算羽化值，如图8-113所示。

　　★ **"平均"**：单击此项，阴影以平均状态介于内外之间计算羽化值，如图8-114所示。

★ **"羽化边缘"**：用来设置阴影羽化边缘效果，在下拉列表中可以选择边缘样式，如图8-115所示。

　　★ **"线性"**：单击此项，阴影以边缘开始进行羽化，如图8-116所示。

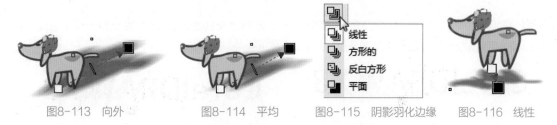

图8-113　向外　　　图8-114　平均　　　图8-115　阴影羽化边缘　　　图8-116　线性

　　★ **"方形的"**：单击此项，阴影从边缘外进行羽化，如图8-117所示。

　　★ **"反白方形"**：单击此项，阴影从边缘向外进行羽化，如图8-118所示。

　　★ **"平面"**：单击此项，阴影以平面方式进行羽化，如图8-119所示。

★ **"阴影颜色"**：单击下拉箭头，会弹出颜色面板，在该面板中可以选择阴影的颜色。

图8-117 方形的　　　　　　　图8-118 反白方形　　　　　　　图8-119 平面

技 巧

对于阴影颜色，用户可以在"颜色表"中选择颜色后向阴影色块内拖曳，松开鼠标后，同样可以改变阴影颜色。

★　"合并模式"：用来设置阴影的混合模式，单击右侧的下拉按钮，可以在弹出的下拉列表中选择不同的模式。

8.5.1 创建阴影

在CorelDRAW X8中，可以在属性栏中创建预设阴影，也可以通过拖曳鼠标的方式创建不同效果的阴影。

上机实战　在不同位置创建阴影

STEP 1 使用 "文本工具"在页面中输入一个青色的文本，如图8-120所示。

图8-120 输入文本

STEP 2 使用 "阴影工具"在文字的底部向另一个方向上拖曳鼠标，此时会出现一个蓝色的文本外框，作为阴影的一个位置预览，松开鼠标完成阴影的创建，如图8-121所示。

图8-121 从底部创建阴影

STEP 3 使用 "阴影工具"在文字的顶部向另一个方向上拖曳鼠标，此时会出现一个蓝色的文本外框，作为阴影的一个位置预览，松开鼠标完成阴影的创建，如图8-122所示。

图8-122 从顶部创建阴影

STEP 4 使用 "阴影工具"在文字的左边向另一个方向上拖曳鼠标，此时会出现一个蓝色的文本外框，作为阴影的一个位置预览，松开鼠标完成阴影的创建，如图8-123所示。

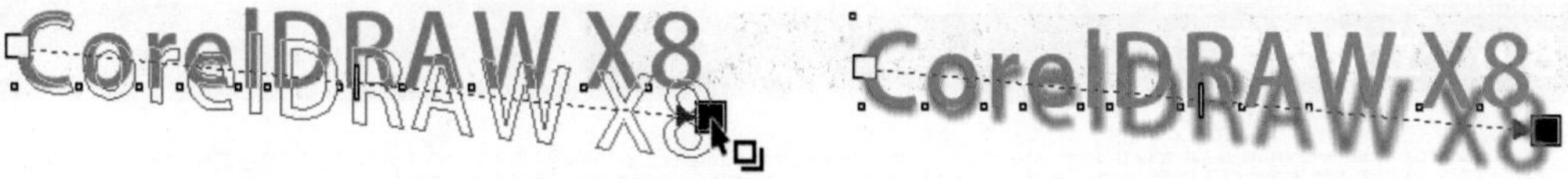

图8-123　从左边创建阴影

STEP 5 使用 🔲 "阴影工具"在文字的右边向另一个方向上拖曳鼠标，此时会出现一个蓝色的文本外框，作为阴影的一个位置预览，松开鼠标完成阴影的创建，如图8-124所示。

图8-124　从右边创建阴影

STEP 6 使用 🔲 "阴影工具"在文字的中间向另一个方向上拖曳鼠标，此时会出现一个蓝色的文本外框，作为阴影的一个位置预览，松开鼠标完成阴影的创建，如图8-125所示。

图8-125　从中间创建阴影

8.5.2　编辑阴影

通过 🔲 "阴影工具"为对象添加的阴影，或许效果不尽人意，那么用户就要对添加的阴影进行编辑。

上机实战　拆分阴影

STEP 1 使用 🖻 "文本工具"输入英文CorelDRAW X8，使用 🔲 "阴影工具"为输入的文本添加阴影效果，如图8-126所示。

图8-126　添加的阴影效果

STEP 2 使用 🔖 "选择工具"将文字和阴影进行框选，执行菜单"排列"/"拆分阴影群组"命令，此时文字和阴影就成了两个单独的个体，可以单独被移动，效果如图8-127所示。

CorelDRAW X8

CorelDRAW X8

图8-127　拆分后的效果

📦 "立体化工具"是利用三维空间的立体旋转和光源照射功能产生明暗变化的阴影，从而制作出仿真的3D立体效果。使用📦 "立体化工具"在对象上拖曳就可以为其添加立体效果，如图8-128所示。此时属性栏会变为📦 "立体化工具"对应的选项设置，如图8-129所示。

图8-128   立体效果

图8-129   立体化工具属性栏

其中的各项含义如下。

⭐ ┃立体化类型┃ "**立体化类型**"：单击此按钮，打开下拉列表，其中预置了6种立体化类型，如图8-130所示。

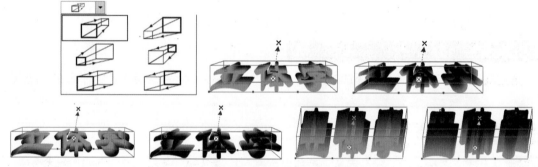

图8-130   立体化类型

⭐ ┃灭点坐标┃ "**灭点坐标**"：在这两个文本框中输入数值可以控制灭点的坐标位置，灭点就是对象透视线相交的消失点，变更灭点位置可以改变立体化效果的进行方向，如图8-131所示。

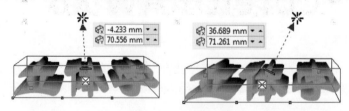

图8-131   灭点坐标

⭐ ┃灭点锁定到对象┃ "**灭点属性**"：在此下拉面板中设置了4种灭点的属性供用户选择，包括"灭点锁定到对象""灭点锁定到页面""复制灭点，自…"和"共享灭点"。

⭐ 📦 "**页面或对象灭点**"：用于设置将灭点锁定相对于对象的中点，还是相对于页面的中心点。

⭐ ┃20┃ "**深度**"：在此文本框中输入数值，可以设置立体化的深度，数值范围为1~99，数值越大，进深越深。

★　**"立体化旋转"**：单击此按钮打开下拉面板，如图8-132所示。将光标移动到红色3上，当光标变为抓手形状时，按住鼠标左键拖动，即可调整立体对象的显示角度，如图8-133所示。

图8-132　旋转下拉面板

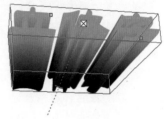

图8-133　旋转

★　：单击此按钮，可以将旋转后的立体效果还原为旋转前。

★　：单击此按钮，可以弹出如图8-134所示的面板，在其中输入参数值可以调整立体化旋转方向。

★　**"立体化颜色"**：单击此按钮，在此下拉面板中可以设置立体化对象的颜色，如图8-135所示。

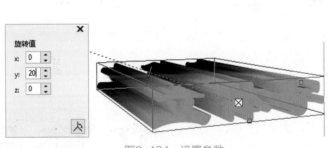

图8-134　设置参数　　　　图8-135　颜色

★　**"使用对象填充"**：按照当前对象的颜色进行立体化区域的颜色填充，如图8-136所示。

图8-136　使用对象填充

★　**"使用纯色"**：在颜色下拉列表中选择一种颜色作为立体化区域颜色，如图8-137所示。

★ "使用递减的颜色"：在颜色下拉列表中选择两种颜色，以渐变的颜色作为立体化区域颜色，如图8-138所示。

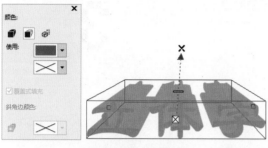

图8-137　使用纯色

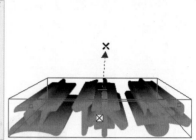

图8-138　使用递减

★ "覆盖式填充"：使用颜色覆盖立体化区域。此复选框只有在启用 "使用对象填充"时才能激活。

★ "斜角边颜色"：对斜角边使用立体化颜色，如图8-139所示。

★ **"立体化倾斜"**：可以设置立体化对象的斜角修饰边的深度和角度，如图8-140所示。

图8-139　斜角边颜色

图8-140　立体化倾斜

★ "使用斜角修饰边"：勾选此复选框后，可以激活"立体化倾斜"面板进行设置。

★ "只显示斜角修饰边"：勾选此复选框后，立体化效果会被隐藏，只显示斜角修饰边，如图8-141所示。

★ "斜角修饰边深度"：在该文本框中输入数值，可以改变斜角修饰边深度，如图8-142所示。

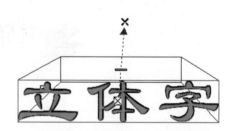

图8-141　只显示斜角修饰边

图8-142　斜角修饰边深度

★ "斜角修饰边角度"：在该文本框中输入数值，可以改变斜角修饰边角度，数值越大斜角越大，如图8-143所示。

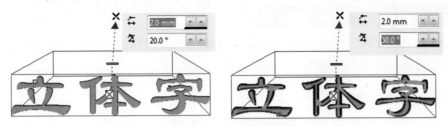

图8-143 斜角修饰边角度

★ 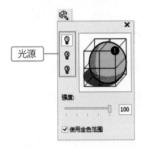 **"立体化照明"**：单击此按钮，可以在弹出的下拉面板中为对象添加灯光，模拟灯光的效果，如图8-144所示。

★ "光源"：单击可以为立体化对象添加光源，最多可以添加3个光源，光源位置可以在预览区域移动，如图8-145所示。

图8-144 立体化照明

图8-145 光源

★ "强度"：拖动控制滑块可以控制光源的强弱，数值越大，光源越亮。
★ "使用全色范围"：控制全色范围的光源。

8.6.1 创建立体效果

"立体化工具"能使平面的对象产生立体化的视觉效果，在CorelDRAW X8中创建的对象、文字等都可以使用立体化效果。

上机实战　创建立体化效果

STEP 1 使用 "星形工具" 在页面中绘制一个五角星，将其填充为"红色"，如图8-146所示。
STEP 2 使用 "立体化工具" 在五角星的中间位置按下鼠标向上拖曳，效果如图8-147所示。

图8-146 绘制五角星

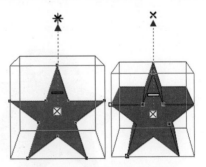

图8-147 创建立体化效果

8.6.2 编辑立体效果

运用 ⊛ "立体化工具"为对象添加立体化效果后，可以通过其属性栏对添加立体化效果的对象进行编辑，以达到更加完美的效果。

上机实战 编辑立体化效果

STEP 1 ▶ 使用 ☆ "星形工具"在页面中绘制一个星形，如图8-148所示。

STEP 2 ▶ 使用 ⊛ "立体化工具"为绘制的星形添加立体化效果，如图8-149所示。

图8-148 绘制的星形

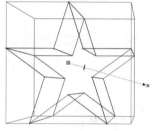
图8-149 添加立体化效果

STEP 3 ▶ 单击属性栏上的 ⊛ "立体化旋转"接钮，会弹出一个下拉面板，在该下拉面板中通过拖曳鼠标，可以调整立体化对象的方向，如图8-150所示。

STEP 4 ▶ 单击属性栏上的 ⊛ "立体化倾斜"按钮，在弹出的下拉面板中勾选"使用斜角修饰边"复选框，在"斜角修饰边深度"文本框中输入3.683，在"斜角修饰边角度"文本框中输入59，如图8-151所示。

图8-150 立体化工具属性栏

图8-151 在属性栏中设置参数

STEP 5 ▶ 单击右侧"颜色表"泊坞窗中的"红色"色块，将其填充为"红色"，此时星形的效果如图8-152所示。

STEP 6 ▶ 确认星形处于被选中状态，单击属性栏上的 ⊛ "立体化照明"按钮，打开其下拉面板，在其中单击"光源1"按钮，为星形添加光源，添加后的效果如图8-153所示。

图8-152 星形效果

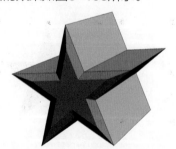
图8-153 立体效果

上机实战 **拆分立体化效果**

STEP 1 使用 ☆ "星形工具"在绘图窗口中绘制一个五角星，运用 ⬡ "立体化工具"对五角星添加立体化效果，单击调色板中的"红色"色块，将其填充为"红色"，效果如图8-154所示。

STEP 2 选择 ▶ "选择工具"，使用框选的方法将立体星形选取，然后执行菜单"排列"/"拆分立体化群组"命令，就将立体星形进行了拆分处理，分解后的效果如图8-155所示。

STEP 3 此时我们发现星形立方体并没有完全分解开，使用 ▶ "选择工具"在分解后的立方体的上方对象上单击鼠标，然后单击属性栏中的 ⊞ "取消群组"按钮，将其进行完全拆分，拆分后的效果如图8-156所示。

图8-154 五角星立体化效果

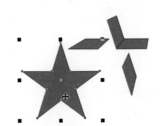
图8-155 立方体分解效果

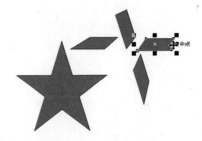
图8-156 完全拆分效果

8.7 透明效果

使用 ▨ "透明度工具"可以为图形对象应用各种透明效果，以达到将对象透明化处理的效果。默认情况下，透明效果会应用到整个对象上，用户可以根据需要将透明效果应用到对象上。使用 ▨ "透明度工具"在对象上单击，拖动下面的控制滑块可以为其添加均匀透明，如图8-157所示。此时属性栏会变为 ▨ "透明度工具"对应的选项设置，如图8-158所示。

图8-157 透明效果

图8-158 透明度工具属性栏

其中的各项含义如下。

★ ▨ **"无透明度"**：单击此按钮，对象没有任何透明效果，之前有透明效果的单击此按钮后也会清除透明效果。

★ ▨ **"均匀透明度"**：单击此按钮，可以为对象添加均匀的透明效果。

★ ▨ **"渐变透明度"**：单击此按钮，属性栏会变为 ▨ "渐变透明度"对应的选项效果，如图8-159所示。

图8-159 渐变透明属性栏

★ ◪ "线性渐变透明度"：单击此按钮，可以沿直线方向进行渐变透明设置，如图8-160
所示。

★ ◪ "椭圆形渐变透明度"：单击此按钮，可以从同心椭圆形中心向外逐渐更改不透明度，
如图8-161所示。

★ ◪ "圆锥形渐变透明度"：单击此按钮，可以以锥形逐渐更改不透明度，如图8-162
所示。

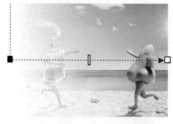
图8-160 线性渐变透明度

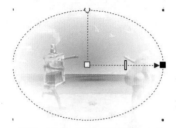
图8-161 椭圆形渐变透明度

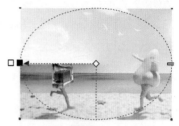
图8-162 圆锥形渐变透明度

★ ◪ "矩形渐变透明度"：单击此按钮，可以从同心矩形中心向外逐渐更改不透明度，如
图8-163所示。

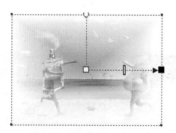
图8-163 矩形渐变透明度

★ ◪ 35 ⊞% "节点透明度"：选择渐变节点后，可以在此处设置透明度。

★ ⊹ 66 ⊞% "节点位置"：指定中间节点相对于第一个和最后一个节点的位置。

★ .0° ⯅ "旋转"：用来控制渐变透明的旋转方向。

★ ◪ "向量图样透明度"：单击此按钮，属性栏会变为 ◪ "向量图样透明度"对应的选项设置，
如图8-164所示。

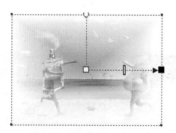
图8-164 向量图样透明度属性栏

★ ◪▼ "透明度挑选器"：可以在该下拉列表中选择用于向量图样透明的图样。

★ ↦ "前景透明度"：设置图样前景色的透明度，如图8-165左图所示。

★ ↤ "背景透明度"：设置图样背景色的透明度，如图8-165右图所示。

★ ⟳ "反转"：反转前景色与背景色透明，如图8-166所示。

★ ◫ "水平镜像平铺"：单击此按钮，可以将所选的排列图样相互镜像，达成在水平方向相
互反射对称的效果。

★ ⊟ "垂直镜像平铺"：单击此按钮，可以将所选的排列图样相互镜像，达成在垂直方向相
互反射对称的效果。

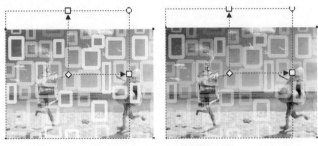
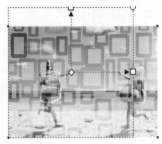

图8-165 前景和背景透明度 　　　　　　　　　　　　　图8-166 反转

★ **"位图图样透明度"**：单击此按钮，属性栏会变为 **"位图图样透明度"**对应的选项设置，如图8-167所示，添加透明后的效果如图8-168所示。

　　★ **"调和过渡"**：调整图样平铺的颜色和边缘过渡，如图8-169所示。

★ **"双色图样透明度"**：单击此按钮，可以为透明度添加默认为黑白两种颜色图样的透明效果，如图8-170所示。

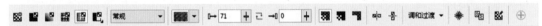

图8-167 位图图样透明度属性栏

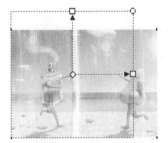

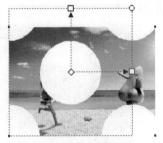

图8-168 位图图样透明度 　　　图8-169 调和过渡 　　　图8-170 双色图样透明度

★ **"底纹透明度"**：单击此按钮，可以为透明度添加系统自带的底纹库内的底纹透明效果，如图8-171所示。

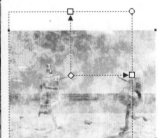

图8-171 底纹透明度

★ **"合并模式"**：在该下拉列表中可以选择透明对象与下层对象之间的混合模式。

★ **"全部"**：选择此项可以将透明度应用到填充和轮廓上。

★ **"填充"**：选择此项可以将透明度应用到填充上，轮廓不会透明。

★ **"轮廓"**：选择此项可以将透明度应用到轮廓上，填充不会透明。

★ **"冻结"**：可以将当前透明显示的画面内容固定在对象中。

★  **"编辑透明度"**：单击此按钮，可以打开"编辑透明度"对话框，在该对话框中可以进行更加详细的透明度设置，如图8-172所示。

图8-172　编辑透明度

8.7.1　创建透明效果

使用 **"透明度工具"** 不仅可以为矢量图形创建立体化效果，还可以为位图添加透明效果。

上机实战　创建透明效果

STEP 1 导入本书附带的 "骷髅"和"赶海"素材，如图8-173所示。

图8-173　素材

STEP 2 使用 **"选择工具"** 将"骷髅"素材拖动到"赶海"素材上面，使用 **"透明度工具"** 在图像上面按住鼠标拖动，此时会出现一个线性渐变透明效果，如图8-174所示。

STEP 3 在属性栏中单击 **"椭圆形渐变透明度"** 按钮，效果如图8-175所示。

STEP 4 拖动外侧的颜色控制节点，调整椭圆渐变透明框大小，改变透明度，效果如图8-176所示。

图8-174　线性渐变透明度　　　图8-175　椭圆形渐变透明度　　　图8-176　调整渐变透明效果

STEP 5 选择其他的透明度，例如选择▣"底纹透明度"，在"底纹库"中选择"样本6"，在"透明选择器"中选择一个图案，效果如图8-177所示。

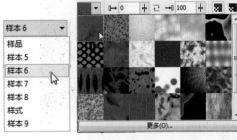

图8-177　底纹透明度

8.7.2 编辑透明效果

使用▣"透明度工具"创建透明效果后，可以通过属性栏中的▣"编辑透明度"对透明度进行详细编辑，也可以通过直接鼠标单击或拖曳的方法对其进行编辑。

上机实战　**编辑透明效果**

STEP 1 再次导入"骷髅"素材使用，绘制一个与素材大小一致的白色矩形，使用▣"透明度工具"在白色矩形上单击，调整透明度为25，如图8-178所示。

STEP 2 单击属性栏中的▣"编辑透明度"按钮，打开"编辑透明度"对话框，其中的参数值设置如图8-179所示。

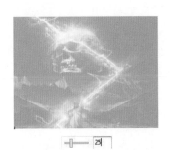

图8-178　添加透明度

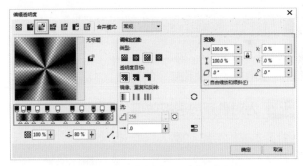

图8-179　"编辑透明度"对话框

STEP 3 设置完毕后单击"确定"按钮，效果如图8-180所示。

STEP 4 在"圆锥渐变透明"的边线上选择一个色块拖动可以改变位置，双击可以添加一个色块，调整透明度，效果如图8-181所示。

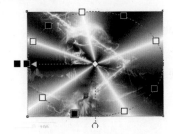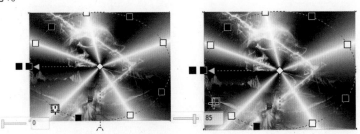

图8-180　透明度效果　　　　　　　　　　图8-181　编辑透明度

STEP 5 ▶ 使用同样的方法，在缝隙较大的区域添加色块调整不透明度，效果如图8-182所示。

图8-182 编辑透明度

8.8 添加透视点

CorelDRAW X8中的添加透视命令可以为对象创建透视点效果，制作出具有三维空间距离和深度的视觉透视效果。

8.8.1 创建透视

执行菜单"效果"/"添加透视"命令，可以为对象添加透视点。"添加透视"命令可以应用于矢量图、群组后的对象和单个的对象。

上机实战 为对象添加透视效果

STEP 1 ▶ 打开本书附带的"雪人"素材，如图8-183所示。

STEP 2 ▶ 确认打开的对象处于被选择状态，执行菜单"效果"/"添加透视"命令，此时对象上将出现网格框，如图8-184所示。

STEP 3 ▶ 此时光标形状变为，使用鼠标拖曳控制点，直到出现比较满意的效果，如图8-185所示。

图8-183 打开的素材　　　　图8-184 添加透视　　　　图8-185 添加透视效果

> **提 示**
>
> 　　完成透视效果后，按"空格"键即可。如要修改透视效果，可以运用工具箱中的 ↖ "形状工具"进行修改，也可以运用鼠标直接在对象上双击。

8.8.2 清除透视

　　清除透视方法很简单，只要选中需要清除的对象，然后执行菜单"效果"/"清除透视点"命令，即可将添加的透视效果清除掉。

8.9 斜角

　　斜角可以通过增加元素边缘倾斜程度，达到不同的浮雕视觉效果，斜角修饰边可以随时移除。需要注意的是，这种效果只能应用到矢量对象和美术字上，并不能应用到位图上，应用斜角效果如图8-186所示，执行菜单"效果"/"斜角"命令，可以打开"斜角"泊坞窗，如图8-187所示。

图8-186　应用斜角

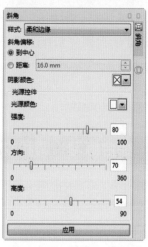

图8-187　"斜角"泊坞窗

其中的各项含义如下。

★ **"样式"**：在该下拉列表中包含"柔和边缘"和"浮雕"两种效果。"柔和边缘"可以创建某些区域显示为隐隐的斜面；"浮雕"可以使对象产生浮雕效果，如图8-188所示。

★ **"斜角偏移"**：通过指定斜面的宽度可以控制斜角效果的强度，"到中心"可以设置斜角直接从边缘到中心点斜角，"距离"可以通过数值控制斜角，如图8-189所示。

图8-188　柔和边缘与浮雕

图8-189　斜角偏移

★ **"阴影颜色"**：通过指定阴影颜色可以更改阴影斜面的颜色，如图8-190所示。

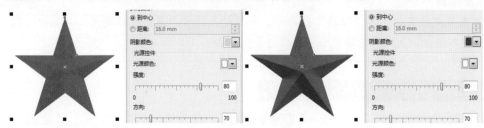

图8-190　阴影颜色

★ **"光源控件"**：带斜角效果的对象看上去像被白色自然(环绕)光和聚光灯照亮。自然光强度不高而且不能改变。聚光灯默认也为白色，但是可以更改其颜色、强度和位置。更改聚光灯颜色影响斜面的颜色。更改聚光灯的强度会使斜面变亮或变暗。更改聚光灯的位置会确定哪个斜面看起来像被照亮。通过指定聚光灯的方向和高度，可以更改聚光灯的位置。方向确定光源在对象平面上的位置(例如，对象的左侧或右侧)。高度确定聚光灯相对于对象平面的高度。例如，用户可以将聚光灯放置在对象的水平方向(高度为 0°)或对象的正上方(高度为90°)，如图8-191所示。

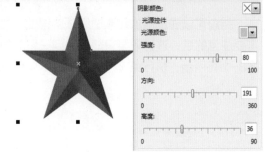

图8-191　阴影颜色

8.10　综合练习：调和立体化效果制作 UI 图标

由于篇幅所限，本章中的实例只介绍技术要点和简单的制作流程，具体的操作步骤读者可以根据本书附带的教学视频来学习。

实例效果图	技术要点
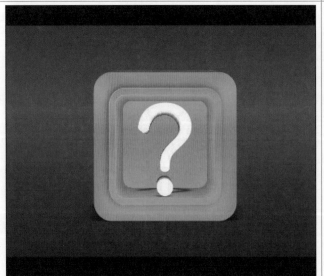	★ 交互式渐变填充 ★ 调和工具 ★ 阴影工具 ★ 立体化工具 ★ 轮廓转换为对象 ★ 透明工具

制作流程：

STEP 1 新建文档，绘制圆角矩形，使用交互式填充线性渐变。

STEP 2 使用阴影工具填充阴影。

STEP 3 使用立体化工具添加立体效果。

STEP 4 绘制圆角矩形，将其转换为对象。

STEP 5 使用调和工具将两个对象进行调和处理。

STEP 6 使用立体化工具为圆角矩形添加立体效果。

STEP 7 使用阴影工具添加阴影。

STEP 8 为圆角矩形添加白色轮廓，并为其设置线性透明。

STEP 9 输入符号？，添加立体化和阴影效果。

STEP 10 绘制矩形并填充渐变色，制作背景，至此本例制作完毕。

8.11 综合练习：通过轮廓图制作手机招贴广告

实例效果图	技术要点
	★ 导入素材 ★ 绘制艺术笔图案 ★ 输入文字 ★ 使用轮廓图工具为文字添加轮廓 ★ 使用透明工具制作倒影

制作流程：

STEP 1 新建文档，导入素材，绘制艺术笔。

STEP 2 使用透明工具制作手机倒影，绘制艺术笔。

STEP 3 输入文字。

STEP 4 使用轮廓图工具为文字添加黑色轮廓。

STEP 5 插入字符后，绘制云彩艺术笔，至此本例制作完毕。

8.12 综合练习：通过封套变形文字

实例效果图	技术要点
	✹ 导入素材 ✹ 输入文字 ✹ 使用封套工具 ✹ 使用立体化工具添加立体效果 ✹ 置于图文框内部 ✹ 使用阴影工具添加阴影效果

制作流程：

STEP 1 新建文档，输入文字。

STEP 2 使用封套工具制作文本封套效果。

STEP 3 添加立体效果。

STEP 4 导入素材，应用"置于图文框内部"命令将其放置到文字内部。

STEP 5 为文字添加阴影。

STEP 6 导入素材，完成本例的制作。

8.13 综合练习：通过添加透视点制作学习平台

实例效果图	技术要点
	✦ 矩形工具 ✦ 交互式填充工具 ✦ 为矩形添加透视点 ✦ 使用立体化工具添加立体效果 ✦ 使用阴影工具添加阴影效果

制作流程：

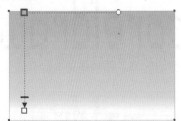

STEP 1 新建文档，绘制矩形，填充渐变色。

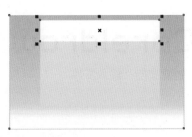

STEP 2 绘制小矩形。

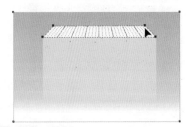

STEP 3 添加透视点。

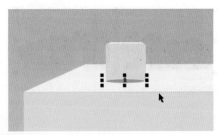

STEP 4 绘制小圆角矩形，添加立体效果，再绘制椭圆形，制作阴影效果。

STEP 5 复制调整大小。

STEP 6 添加阴影，输入文字。

STEP 7 导入素材，调整大小，完成本例的制作。

8.14 综合练习：调和制作线条组合

实例效果图	技术要点
	★ 绘制线条
	★ 调和工具
	★ 为矩形添加透视点
	★ 使用立体化工具添加立体效果
	★ 使用阴影工具添加阴影效果

制作流程：

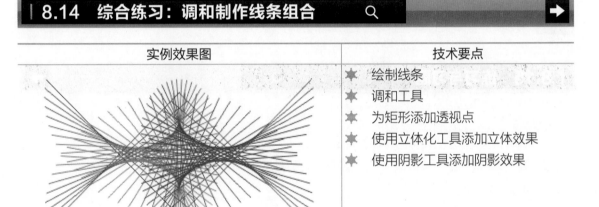

STEP 1 新建文档，使用手绘工具，绘制线条。

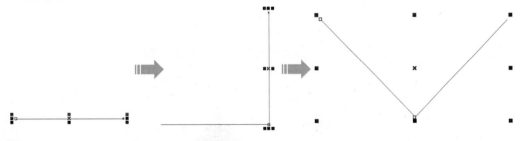

STEP 2 使用调和工具制作调和效果。

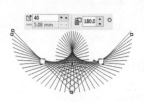

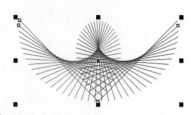

STEP 3 设置步长和角度。

STEP 4 单击"顺时针调和"按钮。

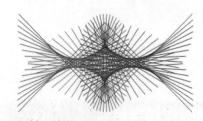

STEP 5 复制一个副本进行垂直翻转，完成本例的制作。

8.15 练习与习题

1. 练习

(1) 练习将圆形与矩形进行交互式调和。

(2) 使用交互式变形工具对绘制的多边形进行变形拖曳。

2. 习题

(1) 编辑3D文字时，怎样得到能够在三维空间内旋转3D文字的角度控制框？（　　）

    A. 利用"选择工具"单击3D文字

    B. 利用"交互立体工具"单击3D文字

    C. 利用"交互立体工具"双击3D文字

    D. 利用"交互立体工具"先选中3D文字，然后再单击

(2) 如下图所示，对象A应用了交互式变形效果，如果对象B也想复制A的变形属性，该如何操作？（　　）

    A. 同时选择对象A和对象B，然后单击属性栏中的"复制变形属性"按钮

    B. 先选择对象A，再选择对象B，最后单击属性栏中的"复制变形属性"按钮

    C. 先选择对象B，再选择对象A，最后单击属性栏中的"复制变形属性"按钮

    D. 先选择对象B，再单击属性栏中的"复制变形属性"按钮，最后选择对象A

(3) 在使用"交互式调和工具"制作调和对象时，两个相调和的对象间最多允许有多少个中间过渡对象？（　　）

    A. 1000   B. 999   C. 99   D. 100

第 9 章

位图操作及滤镜应用

在绘图工作中，无论是进行图书的封面设计、婚纱照的后期制作还是广告设计、版面的排列，都离不开位图。CorelDRAW X8对于位图的处理同样拥有十分强大的功能，不仅可以编辑位图，还可以为位图增加很多特殊的滤镜效果，从而制作出精美的作品。

9.1 矢量图与位图之间的转换

在CorelDRAW X8中，不但可以绘制和编辑矢量图，还可以对导入的位图进行编辑。位图与矢量图都有自己的属性，在创作作品时，难免会遇到将矢量图与位图进行相互转换的时候，在CorelDRAW X8中只要一个命令就可以将位图与矢量图进行相互转换。

9.1.1 将矢量图转换为位图

在设计作品时，有时需要将矢量图转换为位图，以方便添加滤镜、调整颜色等一系列位图编辑效果。在CorelDRAW X8中，只要执行菜单"位图"/"转换为位图"命令，可以打开"转换为位图"对话框，在该对话框中设置转换的各项参数后，单击"确定"按钮，即可将绘制或打开的矢量图转换为位图，如图9-1所示。

图9-1 矢量图转换为位图

其中的各项含义如下。

★ **"分辨率"**：用来设置矢量图转换为位图后的清晰度，单击后面的下拉按钮，在弹出的下拉列表中可以选择不同的分辨率，还可以直接在文本框中输入数值。数值越大，图像越清晰；数值越小，图像越模糊。

★ **"颜色模式"**：用来设置位图的颜色相似模式，包括"黑白(1位)""16色(4位)""灰度(8位)""调色板色(8位)""RGB色(24位)""CMYK色(32位)"，颜色位数越少，图像丰富程度越低。

★ **"递色处理的"：** 以模拟的颜色块数目来显示更多的颜色，该选项在可使用的颜色位数少时，才会被激活，如8位或更少。

★ **"总是叠印黑色"：** 可以在印刷时避免套版不准和露白现象，该选项只有"CMYK色(32位)"模式时才会被激活。

★ **"光滑处理"：** 使转换为位图的图像边缘平滑，去除锯齿状边缘。

★ **"透明背景"：** 勾选此复选框，转换为位图后图像没有背景；不勾选此复选框，转换为位图后图像背景以白色填充，如图9-2所示。

 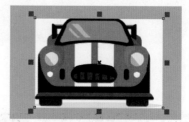

勾选"透明背景"   不勾选"透明背景"

图9-2 透明背景

9.1.2 将位图转换为矢量图

在CorelDRAW X8中，将位图转换为矢量图后，对象就可以应用矢量图的所有操作。只要在"位图"命令上单击，在弹出的子菜单中有3个命令可以将位图转换为矢量图，其中包含"快速描摹""中心线描摹"和"轮廓描摹"。导入位图后，在属性栏中单击 `描摹位图①` "描摹位图"按钮，可以在弹出的下拉菜单中选择描摹选项。

1. 快速描摹

在CorelDRAW X8中，快速描摹可以进行一键描摹，快速将选择的位图转换为矢量图，导入一张位图后，执行菜单"位图"/"快速描摹"命令，即可快速将位图转换为矢量图，如图9-3所示。

图9-3 快速描摹

技 巧

"快速描摹"命令使用系统默认的参数进行自动描摹，无法进行自定义参数设置；应用"快速描摹"命令后，可以将位图转换为矢量图，并且在矢量图下面保留原来的位图；应用"快速描摹"命令转换为矢量图的对象可以通过"取消群组"命令，对矢量图进行编辑。

---

2. 中心线描摹

在CorelDRAW X8中，中心线描摹也可以称为笔触描摹，可以将对象以线描的形式描摹出来，用于技术图解、线描画和拼版等。中心线描摹包含"技术图解"和"线条画"。

执行菜单"位图"/"中心线描摹"/"技术图解"或"线条画"命令，或者在属性栏中单击"描摹位图"按钮，在弹出的菜单中选择"中心线描摹"/"技术图解"或"线条画"命令，打开PowerTRACE对话框，设置参数后单击"确定"按钮即可进行转换，如图9-4所示。

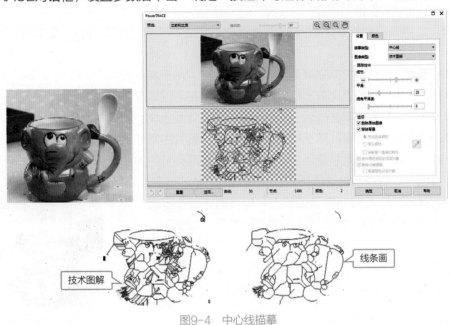

图9-4 中心线描摹

其中的各项含义如下。

★ **"预览"**：在下拉菜单中可以选择描摹的预览模式，包括"之前和之后""较大预览"和"线框叠加"。

　　★ "之前和之后"：选择该模式后，描摹对象和描摹结果都排列在预览区内，可以进行效果对比。

　　★ "较大预览"：选择该模式后，描摹后的结果最大化显示，方便用户查看描摹整体效果和细节。

　　★ "线框叠加"：选择该模式后，描摹后的结果显示在描摹对象的前面，描摹效果以轮廓线形式显示，这种方式方便用户查看色块的分割位置和细节，如图9-5所示。

★ **"透明度"**：该选项只有选择"线框叠加"预览模式时才会被激活，用于调整底层图片的透明程度，数值越大，透明度越高。

图9-5 线框叠加

★ 🔍 **"放大"**：激活此按钮，可以放大预览视图，方便查看细节。

★ 🔍 **"缩小"**：激活此按钮，可以缩小预览视图，方便查看整体效果。

★ 🖼 **"按窗口大小显示"**：单击此按钮，可以将预览视图按预览窗口大小显示。

★ **"平移"**：在预览视图放大后，激活此按钮可以平移视图。

★ **"描摹类型"**：在该下拉菜单中可以切换"中心线描摹"和"轮廓描摹"类型。

★ **"图像类型"**：在该下拉菜单中可以选择显示的图像类型，包含"技术图解"和"线条画"。

    ★ **"技术图解"**：使用细线描摹黑白线条图解。

    ★ **"线条画"**：使用细线描摹出对象的轮廓，用于描摹黑白草图。

★ **"细节"**：用来控制描摹后的精细程度，精细程度越低，描摹速度越快，反之则越慢，可以通过拖曳控制滑块调整精细程度。

★ **"平滑"**：用来控制描摹后线条的平滑程度，可减少节点和平滑细节，数值越大，线条越平滑。

★ **"拐角平滑度"**：用来控制描摹后尖角的平滑程度，用于减少节点。

★ **"删除原始图像"**：勾选此复选框后，描摹后可以将原图删除。

★ **"移除背景"**：勾选此复选框后，描摹后可以删除背景色块。

★ **"自动选择颜色"**：选择此单选按钮后，系统会将图片中默认的背景色删除，如果背景色存在白颜色时，默认的颜色就是白色。该选项只有"描摹类型"为"轮廓"时才会被激活。

★ **"指定颜色"**：选择此单选按钮后，单击后面的"指定要移除的颜色"按钮，可以在描摹对象上选择颜色，此时在描摹结果上可以看到该颜色已被删除，此方法方便用户快速删除不需要的颜色，如图9-6所示。

★ **"移除整个图像的颜色"**：勾选此复选框后，可以将选择的颜色全部删除，即使两个颜色不是连续的，也会被删除。

★ **"合并颜色相同的相邻对象"**：勾选此复选框后，可以合并描摹中颜色相同且相邻的区域。

★ **"移除对象重叠"**：勾选此复选框后，可以删除对象之间重叠的部分，起到简化描摹对象的作用。

★ **"根据颜色分组对象"**：勾选此复选框后，可以根据颜色来区分对象进行移除重叠操作。

图9-6　指定颜色

★ **"跟踪结果详细资料"**：显示描摹对象的信息，其中包含"曲线""节点"和"颜色"。

★ **"撤销"**：将当前操作取消，返回到上一步。

★ **"重做"**：单击此按钮可以恢复撤销的步骤。

★ **"重置"**：单击此按钮可以删除所有的设置，回到操作之前的状态。

★ **"选项"**：单击此按钮，可以打开"选项"对话框，在PowerTRACE选项中设置相关参数，如图9-7所示。

    ★ **"快速描摹方法"**：用来设置快速描摹的方法，使用"上次使用的"方法，可以将设置的描摹参数应用到快速描摹上。

图9-7　"选项"对话框

- ★ "性能"：拖动控制滑块可以调节描摹的性能和质量。
- ★ "平均合并颜色"：选择此单选按钮，合并的颜色为所选颜色的平均色。
- ★ "合并为选定的第一种颜色"：选择此单选按钮，合并的颜色为所选的一种颜色。
- ★ **"颜色参数"：** 用来设置PowerTRACE对话框中的"颜色"参数，如图9-8所示。

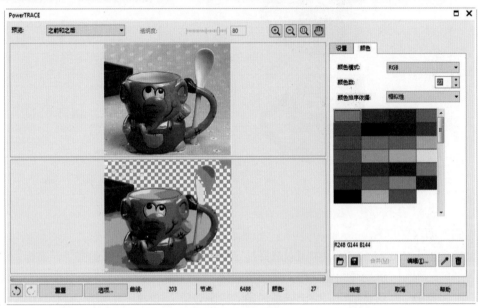

图9-8　颜色参数

- ★ "颜色模式"：在该下拉列表中，可以选择描摹的颜色模式。
- ★ "颜色数"：显示当前描摹对象的颜色数量。默认情况下为该对象所包含的颜色数量，可以在文本框中输入需要的颜色数量进行描摹，最大数值为图像本身包含的颜色数量。
- ★ "颜色排序依据"：可以在该下拉列表中选择颜色显示的排序方式。
- ★ 🗁 "打开调色板"：单击此按钮，可以打开之前保存的其他调色板。
- ★ 💾 "保存调色板"：单击此按钮，可以将描摹对象的颜色保存为调色板。
- ★ "合并"：选择两个或多个颜色可以激活该按钮，单击此按钮可以按选择的颜色合并为一个颜色。
- ★ "编辑"：单击此按钮可以编辑选中的颜色，如更换或修改所选颜色。
- ★ ✎ "选择颜色"：单击此按钮，可以从描摹的对象中选择颜色。
- ★ 🗑 "删除颜色"：单击此按钮，可以将选择的颜色删除。

3. 轮廓描摹

在CorelDRAW X8中，轮廓描摹也可以称为填充描摹，使用无轮廓的闭合路径描摹对象，适用于描摹照片、剪贴画等高质量的图片。轮廓描摹包含"线条图""徽标""徽标细节""剪贴画""低品质图像"和"高质量图像"。

执行菜单"位图"/"轮廓描摹"/"线条图""徽标""徽标细节""剪贴画""低品质图像"或"高质量图像"命令，或者在属性栏中单击"描摹位图"按钮，在弹出的菜单中选择"中心线描摹"/"轮廓描摹"/"线条图""徽标""徽标细节""剪贴画""低品质图像"或"高质量图像"命令，打开PowerTRACE对话框，如图9-9所示。

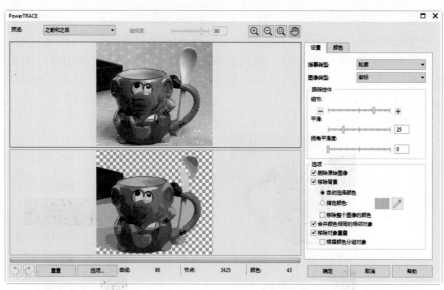

图9-9　PowerTRACE对话框

其中的各项含义如下。

★ **"图像类型"**：在该下拉菜单中可以选择显示的图像类型，包含"线条图""徽标""徽标细节""剪贴画""低品质图像"和"高质量图像"。

　　★ "线条图"：该选项可以突出描摹对象的轮廓效果，如图9-10所示。

　　★ "徽标"：该选项可以描摹细节和颜色相对少些的简单徽标，如图9-11所示。

　　　　图9-10　线条图　　　　　　　　　　　　　　　图9-11　徽标

　　★ "徽标细节"：该选项可以描摹细节和颜色较精细的徽标，如图9-12所示。

　　★ "剪贴画"：该选项可以根据复杂程度、细节量和颜色数量来描摹对象，如图9-13所示。

　　　　图9-12　徽标细节　　　　　　　　　　　　　图9-13　剪贴画

　　★ "低质量图像"：该选项用于描摹细节不多或相对模糊的对象，可以减少不必要的细节，如图9-14所示。

　　★ "高质量图像"：该选项用于描摹精细的高质量图片，描摹质量很高，如图9-15所示。

图9-14 低品质图像

图9-15 高质量图像

9.2 位图的操作

在CorelDRAW X8中导入的位图，并不是每个图像都符合用户要求，可以通过"位图"菜单中的相应命令对导入的位图进行编辑操作。

9.2.1 矫正位图

当导入的位图有倾斜或桶状与枕状变形效果时，可以通过"矫正图像"命令，将其矫正为正常效果。导入一张位图后，执行菜单"位图"/"矫正图像"命令，打开"矫正图像"对话框，通过编辑进行矫正处理，如图9-16所示。

其中的各项含义如下。

★ **"更正镜头畸变"**：拖动控制滑块可以修正镜头畸变，向左拖动修正桶形畸变，向右拖动修正枕形畸变，如图9-17所示。

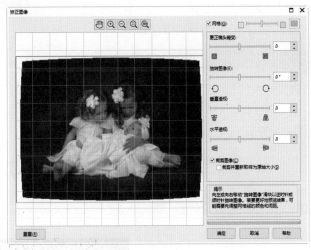

图9-16 矫正图像

图9-17 更正镜头畸变

★ **"旋转图像"**：拖动控制滑块，可调整图像的倾斜角度，在预览区可以看到调整后的效果，如图9-18所示。

✦ **"垂直透视"**：用来矫正垂直透视图像，可以通过拖曳控制滑块调整出现垂直透视效果的图像。

✦ **"水平透视"**：用来矫正水平透视图像，可以通过拖曳控制滑块调整出现水平透视效果的图像。

✦ **"裁剪图像"**：勾选"裁剪图像"复选框后，将对旋转、透视的图像进行修剪，以保持原始图像的中分比。不勾选该复选框，将不会对图像进行修剪，也不会移除任何图像。

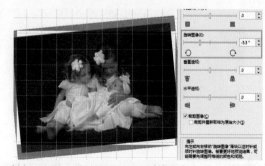

图9-18　旋转图像

✦ **"裁剪并重新取样为原始大小"**：勾选此复选框后，可以对旋转、透视后的图像进行裁剪并重新取样。

✦ **"网格颜色"**：启用"网格"复选框后，可以在后面的下拉列表中选择网格的颜色。

✦ **"网格大小"**：启用"网格"复选框后，可以通过拖动控制滑块调整网格的密度，向左拖曳网格变大，向右拖曳网格变小。

9.2.2 编辑位图

选择导入的位图后，执行菜单"位图"/"编辑位图"命令，此时会将位图在CorelPHOTO-PAINT X8软件中打开并在此软件中进行编辑，编辑完毕后可回到CorelDRAW X8中进行使用，如图9-19所示。

图9-19　CorelPHOTO-PAINT X8

9.2.3 重新取样

通过"重新取样"命令，可以将导入的位图重新调整尺寸和分辨率。根据分辨率的大小决定文档输出的模式，分辨率越大，文件也就越大。执行菜单"位图"/"重新取样"命令，可以打开"重新取样"对话框，在其中可以重新设置位图的尺寸和分辨率，如图9-20所示。

图9-20　"重新取样"对话框

其中的各项含义如下。

★ **"图像大小"**：在"图像大小"下的"宽度"与"高度"文本框中输入数值，可以改变位图的尺寸。

★ **"分辨率"**：在"分辨率"下的"水平"与"垂直"文本框中输入数值，可以改变位图的分辨率。

★ **"光滑处理"**：勾选此复选框，可以调整大小和分辨率来平滑图像的锯齿。

★ **"保持纵横比"**：勾选此复选框，可以在设置时保持图像的长宽比例，保证调整后图像不变形。

★ **"保持原始大小"**：勾选此复选框，调整后原大小保持不变。

提　示

在对位图重新取样时，如果只调整图像分辨率的话，就不用勾选"保持原始大小"复选框。

9.2.4　位图边框扩充

对位图进行操作时，有时需要得到一张图片的边框，在CorelDRAW X8中，可以通过"自动扩充位图边框"和"手动扩充位图边框"扩充边框。

1. 自动扩充位图边框

执行菜单"位图"/"位图边框扩充"/"自动扩充位图边框"命令，此时在该命令前会出现一个✓图标，表示此命令已经被激活，激活后导入的位图均会自动扩充边框。

2. 手动扩充位图边框

选择导入的位图，执行菜单"位图"/"位图边框扩充"/"手动扩充位图边框"命令，打开"位图边框扩充"对话框，调整"宽度"和"高度"，单击"确定"按钮，即可完成手动扩充位图边框，如图9-21所示。

其中的各项含义如下。

★ **"宽度"**：用来设置图像宽度的扩充尺寸。

★ **"高度"**：用来设置图像高度的扩充尺寸。

★ **"保持纵横比"**：扩充位图时，勾选此复选框后，"宽度"与"高度"会按照原始图像的长宽比例进行扩充。

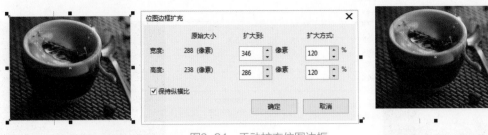

图9-21 手动扩充位图边框

9.2.5 位图颜色遮罩

使用"位图颜色遮罩"命令，可以将位图中的某个颜色区域进行隐藏，遮罩时可以通过吸管吸取颜色，也可以设置颜色。执行菜单"位图"/"位图颜色遮罩"命令，打开"位图颜色遮罩"泊坞窗，在该泊坞窗中可以进行位图颜色遮罩的所有设置，如图9-22所示。

其中的各项含义如下。

★ **"隐藏颜色"**：选择此单选按钮后，选择的遮罩区域的颜色会被隐藏，如图9-23所示。

图9-22 "位图颜色遮罩"泊坞窗

图9-23 隐藏颜色

★ **"显示颜色"**：选择此单选按钮后，选择的遮罩区域的颜色会被显示，其他区域会被隐藏，如图9-24所示。

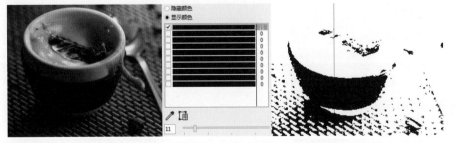

图9-24 显示颜色

★ **"选择颜色"**：激活此按钮后，使用鼠标在图像中需要创建遮罩的区域单击，单击"应用"按钮，效果如图9-25所示。

图9-25 选择颜色

★ ▦ **"编辑颜色"**：单击此按钮，系统会打开"选择颜色"对话框，选择一个与图像中颜色相近的颜色，遮罩会按选择的颜色进行创建。

★ ⬚ ▬▬▬▬▬▬▬▬ **"遮罩范围"**：控制遮罩的颜色范围，数值越大，范围越广，可以通过输入数值或拖曳控制滑块来调整。

★ ▣ **"保存遮罩"**：单击此按钮，可以将当前编辑的遮罩进行保存。

★ ▢ **"打开遮罩"**：单击此按钮，可以将之前保存的遮罩打开。

★ ▤ **"删除遮罩"**：单击此按钮，可以将当前编辑的遮罩删除。

9.2.6 位图模式转换

在CorelDRAW X8中可应用的位图颜色模式非常丰富，包括"黑白(1位)""灰度(8位)"、"双色(8位)""调色板色(8位)""RGB颜色(24位)""Lab色(24位)"和"CMYK(32位)"。

> **技 巧**
>
> 位图模式在互相转换时，每转换一次，位图的颜色信息就会减少一些，效果就会比原图差一些，所以在转换时最好先对图像进行备份。

1. 转换为黑白图像

黑白模式的图像，每个像素只有1位深度，显示颜色只有黑白颜色，任何位图都可以转换成黑白模式，在"转换方法"下拉列表中选择一个样式，即可转换。导入位图后，执行菜单"位图"/"模式"/"黑白(1位)"命令，打开"转换为1位"对话框，在该对话框中设置参数后，可以在预览区看到转换效果，如图9-26所示。

其中的各项含义如下。

★ **"转换方法"**：在该下拉列表中可以选择具体的转换样式效果，其中包括"线条图""顺序"、jarvis、Stucki、Floyd-Steinberg、"半色调"和"基数分布"。

图9-26 "转换为1位"对话框

★ "线条图"：可以产生对比明显的黑白效果，灰色区域高于阈值设置变为白色，低于阈值设置则变为黑色，如图9-27所示。

★ "顺序"：可以产生比较柔和的效果，突出纯色，使图像边缘变硬，如图9-28所示。

图9-27　线条图　　　　　　　　　　　　　　图9-28　顺序

★ "jarvis"：可以对图像进行jarvis运算，形成独特的偏差扩散，多用于摄影图像，如图9-29所示。

★ "Stucki"：可以对图像进行Stucki运算，形成独特的偏差扩散，多用于摄影图像，比jarvis运算细腻，如图9-30所示。

图9-29　jarvis　　　　　　　　　　　　　　图9-30　Stucki

★ "Floyd-Steinberg"：可以对图像进行Floyd-Steinberg运算，形成独特的偏差扩散，多用于摄影图像，比Stucki运算细腻，如图9-31所示。

★ "半色调"：通过改变图像中的黑白图案来创建不同的灰度，如图9-32所示。

图9-31　Floyd-Steinberg　　　　　　　　　图9-32　半色调

★ "基数分布"：将计算后的结果分布到屏幕上，来创建带底纹的外观效果，如图9-33所示。

★ **"阈值"：** 调整线条图效果的灰度阈值，来分割白色和黑色的颜色范围。数值越小变为黑色区域的灰阶越少，数值越大变为黑色区域的灰阶越多，在转换方法为"线条图"时，才会显示"阈值"。

图9-33　基数分布

✦ **"强度"**：设置运算形成偏差扩散的程度。数值越小，扩散越小，反之越大。

✦ **"屏幕类型"**：在"半色调"转换方法下，可以选择相应的屏幕显示图案来丰富转换效果，通过调整"角度"和"线数"来显示图案效果，在"类型"下拉列表中包括"正方形""圆角""线条""交叉""固定的4×4"和"固定的8×8"，转换后的效果依次如图9-34所示。

图9-34　屏幕类型效果

2. 转换为灰度图像

在CorelDRAW X8中，可以将导入的位图快速转换为包含灰色区域的黑白图像，使用灰度模式可以生成黑白照片效果。选择位图后，执行菜单"位图"/"模式"/"灰度(8位)"命令，就可以将灰度模式应用到位图上，如图9-35所示。

图9-35　转换为灰度

3. 转换为双色图像

在CorelDRAW X8中，双色模式可以将位图以一种或多种颜色进行混合显示。

选择导入的位图，执行菜单"位图"/"模式"/"双色(8位)"命令，打开"双色调"对话框，在"类型"下拉列表中选择"双色调"，调整对话框中的曲线，设置单色，就可以调整位图的双色调效果，如图9-36所示。

其中的各项含义如下。

✦ **"类型"**：用来控制调整双色调为单色还是多色。

✦ **"设置颜色"**：用来控制单色调的颜色，单击可打开"选择颜色"对话框，在该对话框中可以选择需要的颜色，如图9-37所示。

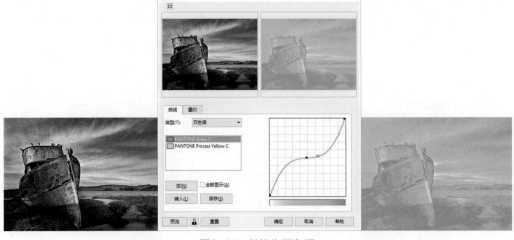

图9-36 转换为双色调

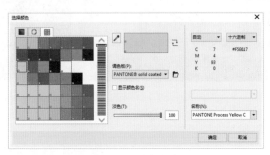

图9-37 选择颜色

★ **"空"**：单击可以取消当前调整的参数。

★ **"全部显示"**：勾选此复选框，可以显示全部的色调调整曲线。

★ **"载入"**：单击可以载入系统中存在的色调。

★ **"保存"**：将当前调整的双色调参数进行保存。

4. 转换为调色板色图像

选择导入的位图，执行菜单"位图"/"模式"/"调色板色(8位)"命令，打开"转换至调色板色"对话框，设置参数后单击"确定"按钮，就可以将位图转换至调色板色，如图9-38所示。

图9-38 转换至调色板色

5. 转换为RGB颜色图像

RGB是一种以三原色(R红、G绿、B蓝)为基础的加光混色系统，RGB模式也称为光源色彩模式，原因是RGB能够产生和太阳光一样的颜色。在CorelDRAW中RGB颜色使用范围也比较广，一般来说RGB颜色只用在屏幕上，不用在印刷上。选择位图后，执行菜单"位图"/"模式"/"RGB颜色(24位)"命令，即可将位图转换为RGB颜色。

6. 转换为Lab颜色图像

Lab色彩模式常被用于图像或图形的不同色彩模式之间的转换，通过它可以将各种色彩模式在不同系统或平台之间进行转换，因为该色彩模式是独立于设备的色彩模式。L(Lightness)代表光亮度强弱，它的数值范围为0~100；a代表从绿色到红色的光谱变化，数值范围在-128~127；b代表从蓝色到黄色的光谱变化，数值范围为-128~127。选择位图后，执行菜单"位图"/"模式"/"Lab颜色(24位)"命令，即可将位图转换为Lab颜色。

7. 转换为CMYK颜色图像

CMYK模式是一种印刷模式，与RGB模式不同的是，RGB是加色法，CMYK是减色法。CMYK的含义为(C青色、M洋红、Y黄色、K黑色)。这4种颜色都是以百分比的形式进行描述的，每一种颜色所占的百分比可以从0%到100%，百分比越高，它的颜色就越暗。选择位图后，执行菜单"位图"/"模式"/"CMY颜色(32位)"命令，即可将位图转换为CMYK颜色。

9.3 位图的颜色调整

在CorelDRAW X8中导入位图后，可以通过执行菜单"效果"/"调整"命令，在弹出的子菜单中选择相应的命令对位图进行颜色调整，使位图在设计中表现得更加丰富。

9.3.1 高反差

"高反差"命令用于在保留阴影和高亮度显示细节的同时，调整颜色、色调和位图的对比度。交互式柱状图可以将亮度值更改或压缩到可打印限制，也可以通过从位图取样来调整柱状图，导入位图后，执行菜单"效果"/"调整"/"高反差"命令，打开"高反差"对话框，在该对话框中设置参数后，单击"确定"按钮完成调整，如图9-39所示。

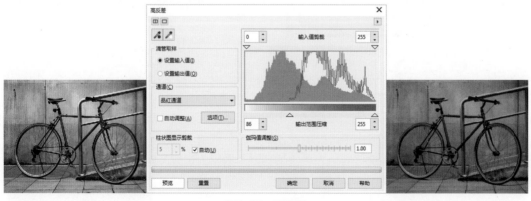

图9-39 高反差

其中的各项含义如下。

★ "**深色滴管**"：选择此按钮后，使用鼠标在图像上单击，会在直方图中自动按选择的颜色调整暗部区域。

★ "**浅色滴管**"：选择此按钮后，使用鼠标在图像上单击，会在直方图中自动按选择的颜色调整亮部区域。

　　★ "**设置输入值**"：选择该单选按钮后，可以吸取输入值的通道值，颜色在选定的范围内重新分布，并应用到"输入值剪裁"中。

　　★ "**设置输出值**"：选择该单选按钮后，可以吸取输出值的通道值，颜色在选定的范围内重新分布，并应用到"输出范围压缩"中。

★ "**通道**"：在该下拉列表中可以选择更改调整的通道类型。

★ "**自动调整**"：勾选此复选框，可以在当前色阶范围内自动调整像素值。

★ "**选项**"：单击此按钮，可以在弹出的"自动调整范围"对话框中设置自动调整的色阶范围。

★ "**柱状图显示剪裁**"：设置"输入值剪裁"的柱状图显示大小，数值越大，形状图越高，设置参数时可以取消勾选后面的"自动"复选框。

★ "**伽玛值调整**"：拖动控制滑块可以设置图像中所选颜色通道的显示亮度和范围。

9.3.2 局部平衡

　　"局部平衡"命令用来调整边缘附近的对比度，以显示明亮区域中的细节，可以在此区域周围设置高度和宽度来强化对比度，导入位图后，执行菜单"效果"/"调整"/"局部平衡"命令，打开"局部平衡"对话框，在该对话框中设置参数后，可以在预览区看到转换效果，设置完毕单击"确定"按钮，完成调整，如图9-40所示。

图9-40　局部平衡

9.3.3 样本/目标平衡

　　"样本/目标平衡"命令可以使用从图像中选取的色样来调整位图中的颜色值，可以从图像的黑色、中间色调以及浅色部分选取色样，并将目标颜色应用于每个色样。导入位图后，执行菜单"效果"/"调整"/"样本/目标平衡"命令，弹出"样本/目标平衡"对话框，选择 "黑色吸管工具"，吸取图像中最深处的颜色；选择 "中间色调吸管工具"，吸取图像中的中间色调；选择 "白色吸管工具"，吸取图像中最浅处的颜色，然后分别单击黑色、中间色、白色的目标色，从弹出的"选择颜色"对话框中选择颜色，单击"预览"按钮，观察颜色调节效果，单击"确定"按钮，即可调节位图颜色，如图9-41所示。

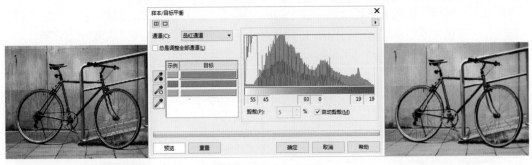

图9-41　样本/目标平衡

在"目标"下面的色块上单击，可以弹出"选择颜色"对话框，在该对话框中可以选择要调整后的颜色；在分别调整每个通道的"目标"颜色时，必须取消勾选"总是调整全部通道"复选框。

9.3.4　调合曲线

"调合曲线"命令可用于通过调整单个颜色通道或复合通道，来进行颜色和色调校正。单个像素值沿着图形中显示的色调曲线绘制，该色调曲线代表阴影(图形底部)、中间色调(图形中间)和高光(图形顶部)之间的平衡。图形的 x 轴代表原始图像的色调值；图形的 y 轴代表调整后的色调值。执行"效果"/"调整"/"调合曲线"命令，打开"调合曲线"对话框，在该对话框中拖动曲线可以调整位图，单击"预览"按钮，观察颜色调节效果，单击"确定"按钮完成调整，如图9-42所示。

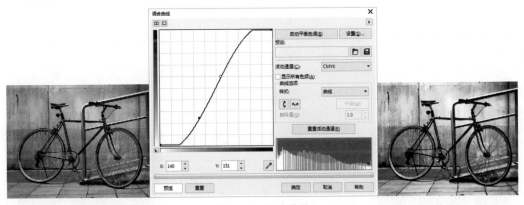

图9-42　调合曲线

其中的各项含义如下。

★ **"自动平衡色调"**：单击此按钮后，用来将设置的范围进行自动平衡，单击后面的"设置"按钮，在弹出的"自动调整范围"对话框中设置范围。

★ **"活动通道"**：在该下拉列表中可以选择调整的颜色通道，包含RGB、"红""绿"和"蓝"4种，用户可以在不同的通道中分别进行调整。

★ **"显示所有色频"**：勾选此复选框，可以将所有的活动通道曲线显示在同一个调整窗口中。

★ **"样式"**：在该下拉列表中可以选择曲线的调节样式，包括"曲线""直线""手绘"和"伽玛值"。在绘制手绘曲线时，可以单击下面的"平滑"按钮平滑曲线，如图9-43所示。

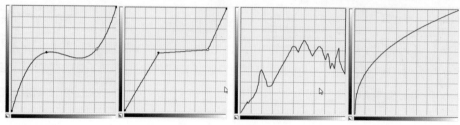

图9-43 曲线样式

★ **"重置活动通道"**：单击此按钮，可以将当前编辑的通道恢复为默认值。

9.3.5 亮度/对比度/强度

　　"亮度/对比度/强度"命令用于调整位图的亮度及深色区域和浅色区域的差异。执行菜单"效果"/"调整"/"亮度/对比度/强度"命令，打开"亮度/对比度/强度"对话框，在该对话框中调整"亮度""对比度"和"强度"，单击"预览"按钮，观察颜色调节效果，单击"确定"按钮完成调整，如图9-44所示。

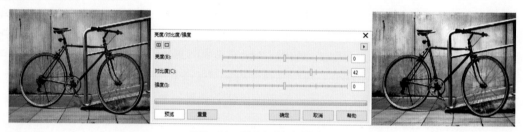

图9-44 亮度/对比度/强度

9.3.6 颜色平衡

　　"颜色平衡"命令用于调整位图的偏色。执行菜单"效果"/"调整"/"颜色平衡"命令，打开"颜色平衡"对话框，在该对话框中调整位图不同范围的偏色，单击"预览"按钮，观察颜色调节效果，单击"确定"按钮完成调整，如图9-45所示。

图9-45 颜色平衡

　　其中的各项含义如下。

★ **"范围"**：在该选项组中可选择颜色调整的范围。

　★ **"阴影"**：勾选此复选框，调整的范围只针对位图的阴影区域进行颜色平衡处理。

　★ **"中间色调"**：勾选此复选框，调整的范围只针对位图的中间色调区域进行颜色平衡处理。

★ **"高光"**：勾选此复选框，调整的范围只针对位图的高光区域进行颜色平衡处理。

★ **"保持亮度"**：勾选此复选框，调整位图的颜色平衡时，位图中的亮度保持不变。

★ **"颜色通道"**：用来在相对颜色中进行偏色调整。

> **技 巧**
>
> 在"范围"选项组中勾选不同复选框时，调整后会出现不同的效果，根据对位图的需求，用户可以灵活地选择调整范围。

9.3.7　伽玛值

"伽玛值"命令用于在较低对比度的区域进行细节强化，不会影响位图中的高光和阴影。选择位图，执行菜单"效果"/"调整"/"伽玛值"命令，打开"伽玛值"对话框，在该对话框中调整"伽玛值"参数，单击"预览"按钮，观察颜色调节效果，单击"确定"按钮完成调整，如图9-46所示。

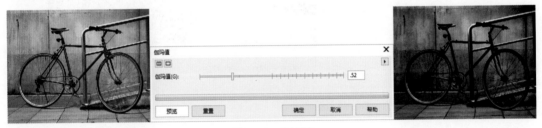

图9-46　伽玛值

9.3.8　色度/饱和度/亮度

"色度/饱和度/亮度"命令用于调整位图中的色频通道，并改变色谱中颜色的位置，这种效果可以改变位图的颜色、浓度和白色所占比例。选择位图，执行菜单"效果"/"调整"/"色度/饱和度/亮度"命令，打开"色度/饱和度/亮度"对话框，在该对话框中分别调整各个通道，单击"预览"按钮，观察颜色调节效果，单击"确定"按钮完成调整，如图9-47所示。

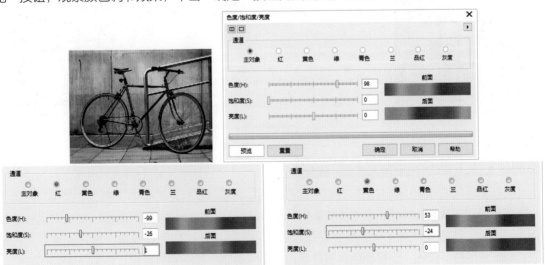

图9-47　色度/饱和度/亮度

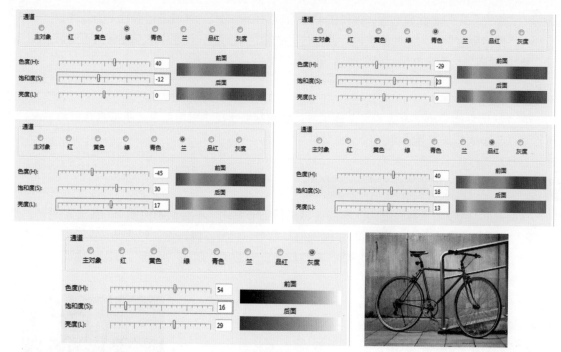

图9-47　色度/饱和度/亮度(续)

9.3.9　所选颜色

　　"所选颜色"命令通过调整位图色谱中的CMYK值来改变颜色。选择位图，执行菜单"效果"/"调整"/"所选颜色"命令，打开"所选颜色"对话框，在该对话框中选择"色谱"中的"红"，在"调整"选项组中分别调整"青""品红""黄"和"黑"数值参数，单击"预览"按钮，观察颜色调节效果，单击"确定"按钮完成调整，如图9-48所示。

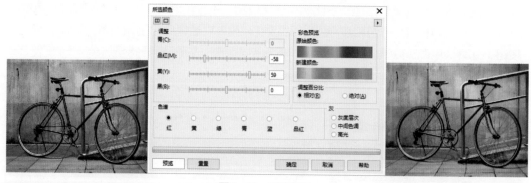

图9-48　所选颜色

9.3.10　替换颜色

　　"替换颜色"命令可以通过选取位图中的颜色后，再设置替换后的颜色，来改变颜色。选择位图，执行菜单"效果"/"调整"/"替换颜色"命令，打开"替换颜色"对话框，在该对话框中单击 🖊 "原颜色"按钮，使用光标选择需要替换的颜色，这里选择蓝色，设置"新建颜色"为"绿色"，单击"预览"按钮，观察颜色调节效果，单击"确定"按钮完成调整，如图9-49所示。

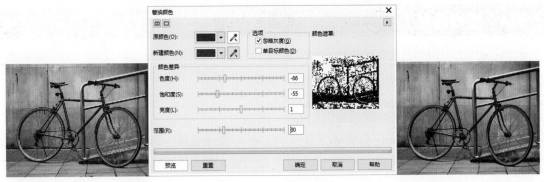

图9-49 替换颜色

9.3.11 取消饱和

"取消饱和"命令用于将位图中每种颜色的饱和度都减为0,转换为相应的灰度,形成灰度图。选择位图,执行菜单"效果"/"调整"/"取消饱和"命令,即可将位图取消饱和,效果如图9-50所示。

图9-50 取消饱和

9.3.12 通道混合器

"通道混合器"命令可以通过改变不同颜色通道的数值,来改变图像的色调。选择位图,执行菜单"效果"/"调整"/"通道混合器"命令,打开"通道混合器"对话框,在该对话框中设置"色彩模型"为RGB,"输出通道"为"红",调整"输入通道"的参数,单击"预览"按钮,观察颜色调节效果,单击"确定"按钮完成调整,如图9-51所示。

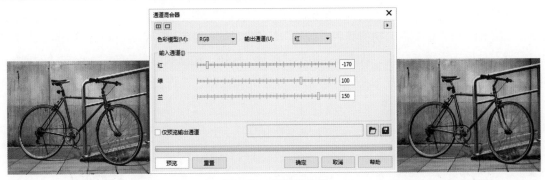

图9-51 通道混合器

9.4 变换调整

在CorelDRAW X8中导入后，用户可以通过执行菜单"效果"/"变换"命令，在弹出的子菜单中可以选择相应的命令对位图进行变换颜色和色调。

9.4.1 去交错

"去交错"命令用于从扫描或隔行显示的图像中移除线条。导入位图后，执行菜单"效果"/"变换"/"去交错"命令，打开"去交错"对话框，在该对话框中选择扫描线的方式和替换方法后，单击"预览"按钮，观察颜色调节效果，单击"确定"按钮完成调整，如图9-52所示。

图9-52 去交错

9.4.2 反转颜色

"反转颜色"命令可以反转图像的颜色。反转图像会形成摄影底片的图片效果。导入位图后，执行菜单"效果"/"变换"/"反转颜色"命令，效果如图9-53所示。

图9-53 反转颜色

9.4.3 极色化

"极色化"命令用于减少图像中的色调值数量。极色化可以去除颜色层次并产生大面积缺乏层次感的颜色。导入位图后，执行菜单"效果"/"变换"/"极色化"命令，打开"极色化"对话框，在该对话框中设置"层次"数值后，单击"预览"按钮，观察颜色调节效果，单击"确定"按钮完成调整，如图9-54所示。

图9-54 极色化

| 9.5 滤镜的应用

滤镜是进行图像处理的一种功能强大的工具,使用滤镜可以设置位图的一些特殊效果,这些滤镜均放置在"位图"菜单中,使用时只需单击相应的滤镜命令,然后在弹出的对话框中设置参数即可。

9.5.1 三维效果

三维效果就是把平面的图像处理成立体的效果,在CorelDRAW X8中,三维效果包括"三维旋转""柱面""浮雕""卷页""透视""挤远/挤近"和"球面"7种三维效果。如图9-55所示的图像为原图与应用三维效果后的对比。

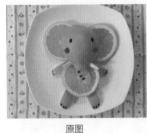
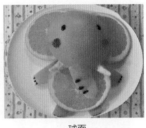

原图 卷页 球面

图9-55 三维效果

9.5.2 艺术笔触

通过使用"艺术笔触"效果可以模拟类似于现实世界中各种表现手法所产生的奇特效果,使用户在处理位图时可以随心所欲地发挥自己的想象力。"艺术笔触"中包含"炭笔画""单色蜡笔画""蜡笔画""立体派""印象派""调色刀""彩色蜡笔画""钢笔画""点彩派""木版画""素描""水彩画""水印画"和"波纹纸画"14种艺术笔触,通过使用这些艺术笔触效果可以模拟出各种特效。如图9-56所示的图像为原图与应用艺术笔触效果后的对比。

原图 印象派 水彩画

图9-56 艺术笔触

9.5.3 模糊

CorelDRAW中的"模糊"效果可以使用位图中的像素软化并混合,产生平滑的图案效果,可以使图像画面柔化,边缘平滑。CorelDRAW X8中提供了9种不同的模糊效果滤镜,分别为"定向平滑""高斯式模糊""锯齿状模糊""低通滤波器""动态模糊""放射式模糊""平滑""柔和"及"缩放"。如图9-57所示的图像为原图与应用模糊效果后的对比。

原图 高斯式模糊 放射式模糊

图 9-57 模糊

9.5.4 相机

"相机"可以使图像产生类似使用相机拍摄后的效果,包括"着色""扩散""照片过滤器""棕褐色色调"和"延时"。如图9-58所示的图像为原图与应用相机效果后的对比。

原图 扩散

图 9-58 相机

9.5.5 颜色转换

"颜色转换"效果主要用于改变位图的色彩,使位图产生各种色彩的变化,给人多种强烈的视觉效果。其中包括4种颜色变换效果的滤镜,分别为"位平面""半色调""梦幻色调"和"曝光"。如图9-59所示的图像为原图与应用颜色转换效果后的对比。

原图 位平面 曝光

图 9-59 颜色转换

9.5.6 轮廓图

"轮廓图"效果可以检测位图的边缘,把位图按照边缘线勾勒出来,显示出一种素描的效果。其中包括3种滤镜效果,分别为"边缘检测""查找边缘"和"描摹轮廓"。如图9-60所示的图像为原图与应用轮廓图效果后的对比。

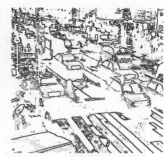

原图　　　　　　　　　　　边缘检测　　　　　　　　　　描摹轮廓

图 9-60　轮廓图

9.5.7　创造性

"创造性"是最具有创造力的滤镜效果，它提供了14种滤镜效果，分别为"工艺""晶体化""织物""框架""玻璃砖""儿童游戏""马赛克""粒子""散开""茶色玻璃""彩色玻璃""虚光""旋涡"和"天气"。如图9-61所示的图像为原图与应用创造性效果后的对比。

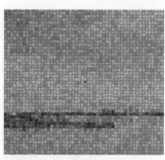

原图　　　　　　　　　　　马赛克　　　　　　　　　　　天气

图 9-61　创造性

9.5.8　自定义

"自定义"可以为位图添加图像画笔效果，它提供了2种滤镜效果，分别为Alchenmy和"凹凸贴图"。如图9-62所示的图像为原图与应用自定义效果后的对比。

原图　　　　　　　　　　　Alchenmy　　　　　　　　　　凹凸贴图

图 9-62　自定义

9.5.9　扭曲

"扭曲"可以使图像产生各种几何变形，以创建多种变形效果。CorelDRAW X8中共提供了10种扭曲效果，分别为"块状""置换""偏移""像素""龟纹""旋涡""平铺""湿笔画""涡流"和"风吹效果"。如图9-63所示的图像为原图与应用扭曲效果后的对比。

原图　　　　　　　旋涡　　　　　　　风吹效果

图 9-63　扭曲

9.5.10　杂点

"杂点"是指由位图表面的杂乱像素所形成的颗粒，在位图中添加杂点，可以模糊过于锐化的区域。CorelDRAW X8中提供了6种杂点滤镜，分别为"添加杂点""最大值""中值""最小""去除龟纹"和"去除杂点"。如图9-64所示的图像为原图与应用杂点效果后的对比。

原图　　　　　　　添加杂点　　　　　　　最小

图 9-64　杂点

9.5.11　鲜明化

鲜明化效果能够通过查找并锐化产生明显的颜色改变的区域、增加相邻像素的对比度使模糊的图像变得清晰。CorelDRAW X8中共提供了5种鲜明化滤镜，分别为"适应非鲜明化""定向柔化""高通滤波器""鲜明化"和"非鲜明化遮罩"。如图9-65所示的图像为原图与应用鲜明化效果后的对比。

原图　　　　　　　定向柔化　　　　　　　鲜明化

图 9-65　鲜明化

9.5.12 底纹

"底纹"提供了丰富的底纹肌理效果。CorelDRAW X8中共提供了6种底纹滤镜，分别为"鹅卵石""折皱""蚀刻""塑料""浮雕"和"石头"。如图9-66所示的图像为原图与应用"底纹"后的对比。

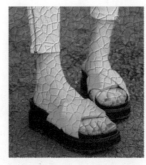

图 9-66　底纹

9.6　综合练习：照片调色

由于篇幅所限，本章中的实例只介绍技术要点和简单的制作流程，具体的操作步骤读者可以根据本书附带的教学视频来学习。

实例效果图	技术要点
	✱　裁剪工具 ✱　图像调整实验室 ✱　矩形工具 ✱　阴影工具 ✱　调整顺序

制作流程：

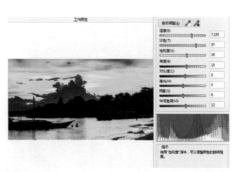

STEP 1　新建文档，导入素材，使用"裁剪工具"在素材中创建裁剪框。

STEP 2　按Enter键完成裁剪，打开"图像调整实验室"对话框，调整参数。

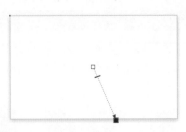

STEP 3 绘制矩形并填充白色,将轮廓填充为
浅灰色。

STEP 4 使用"阴影工具"为矩形添加黑色
阴影。

STEP 5 按Ctrl+PgUp键调整顺序,至此本例制作完毕。

9.8 综合练习:应用滤镜制作倒影

实例效果图	技术要点
	✦ 刻刀工具 ✦ 垂直翻转调整高度 ✦ "茶色玻璃"滤镜 ✦ "锯齿状模糊"滤镜 ✦ 透明度工具

制作流程:

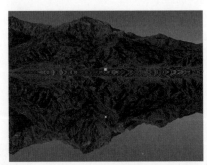

STEP 1 新建文档,导入素材,使用"刻刀工
具"在素材中创建直线切割线。

STEP 2 选择下半部分将其删除,复制上半部
分,将其垂直翻转,调整高度和位置。

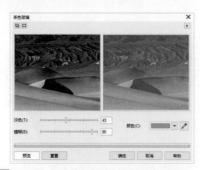 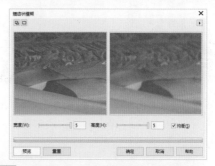

STEP 3 设置"茶色玻璃"滤镜参数。

STEP 4 设置"锯齿状模糊"滤镜参数。

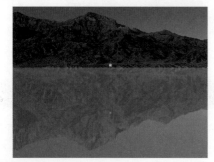 

STEP 5 应用滤镜后的效果。

STEP 6 使用"透明度工具"调整透明效果，至此本例制作完毕。

9.7 练习与习题

1. 练习

(1) 将绘制的矢量图形转换成位图。

(2) 导入位图素材，为其应用效果命令。

2. 习题

(1) 将绘制的矢量图转换成位图时，在"转换成位图"对话框中，勾选哪个复选框，转换为位图后图像没有背景；不勾选此复选框，转换为位图后图像背景以白色填充。(   )

　　A. 透明背景　　　B. 设置分辨率　　　C. 平滑图像　　　D. 颜色模式

(2) 当导入的位图有倾斜或桶状与枕状变形效果时，可以通过哪个命令将其校正为正常效果。(   )

　　A. 调和曲线　　　B. 矫正图像　　　C. 重新取样　　　D. 三维效果

第 10 章
👆 文本与表格操作

文本处理在平面设计中是非常重要的部分。CorelDRAW不仅对图形有很强的处理功能，对文字的编辑和排版也有很强大的功能。在CorelDRAW X8中的文字分为美术文本和段落文本两种。除了对文字的创建与编辑外，还可以对表格进行相应的创建与编辑，使其在工作中为用户带来更加便捷的应用。

10.1 美术文本 　🔍

在CorelDRAW X8中，美术文本是一种特殊的图形对象，用户可以对其进行文本方面的编辑，也可以对其应用特殊效果，如添加阴影、立体化等效果。

10.1.1 美术文本的输入 📤

美术文本输入比较简单，只要单击工具箱中的🖹"文本工具"，此时光标变为🖑形状，在工作区中单击鼠标后，光标变为闪烁的 | 标识，在闪烁的光标处输入文字即可，如图10-1所示。

图10-1 输入美术文本

技 巧

输入的美术文本，按Enter键可以进行换行。

单击工具箱中的🖹"文本工具"或输入文本后，此时属性栏会变成该工具对应的属性选项设置，如图10-2所示。

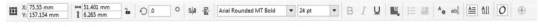

图10-2 文本工具属性栏

其中的各项含义如下。

★ **"字体列表"**：用来为新文本或选择的文本应用一种理想的文字字体，单击可在下拉列表中显示系统预装的所有字体，选择后即可为输入的文本应用字体，如图10-3所示。

图10-3　文字字体

★　**"字体大小"**：用来设置输入文本或选择文本的字体大小，单击可在弹出的下拉列表中选择文字字号，也可以在文本框中输入数值。

★　B**"粗体"**：单击此按钮，可以将输入的文本加粗显示。

技　巧

在CorelDRAW X8中，只有选择的文字字体本身具有粗体样式时，才能应用 B "粗体"功能；如果当前字体没有粗体样式时，B "粗体"按钮会处于不可用状态。

★　I**"斜体"**：将输入的文本设置为斜体效果，该选项只能针对有斜体样式的文字字体。

★　U**"下画线"**：为输入的文本添加下画线。

★　**"文本对齐"**：用来设置文本的对齐方式，单击后可在下拉列表中进行选择，如图10-4所示。

图10-4　文本对齐方式

★　**"项目符号"**：为新文本或选择的文本添加或删除项目符号，该选项只能应用于段落文本。

★　**"首字下沉"**：为新文本或选择的文本添加或删除首字下沉，该选项只能应用于段落文本。

★　**"文本属性"**：单击可以打开"文本属性"泊坞窗，在其中可以编辑美术文本和段落文本，如图10-5所示。

★　**"编辑文本"**：单击可以打开"编辑文本"对话框，在其中可以对输入的文本进行编辑和修改，也可以重新输入文本，如图10-6所示。

技　巧

在CorelDRAW X8中，使用"编辑文本"对话框既可以编辑美术文本，也可以编辑段落文本。使用 "文本工具"在页面中以单击的形式输入的文本，在"编辑文本"对话框中编辑的就是美术文本；在页面绘制出文本框后，再输入的文本，在"编辑文本"对话框中编辑的就是段落文本。

★　**"水平方向"**：单击此按钮，可以将文本变为水平方式输入。

★　**"垂直方向"**：单击此按钮，可以将文本变为垂直方式输入。

★　O**"交互式OpenType"**：当某种OpenType功能用于选定文本时，在屏幕上显示指示。

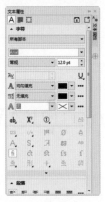

图10-5　"文本属性"泊坞窗

图10-6　"编辑文本"对话框

上机实战　美术文本的选择

对于已经输入的文本，如果想要对其进行选取的话，大致可分为3种方法。

(1) 使用字"文本工具"单击要选择的文本字符的起始位置，然后按住Shift键的同时，再按键盘上的向左键或向右键，每按一次方向键就会选择一个字符或取消一个字符的选择，如图10-7所示。

图10-7　方向键选择字符

(2) 使用字"文本工具"在文本的字符上按下鼠标拖曳，松开鼠标即可将鼠标经过区域的字符选取，如图10-8所示。

图10-8　拖曳选择字符

技　巧

在文本中选择的字符可以单独设置文本属性，例如改变文字字体、文字大小等。

(3) 使用▶"选择工具"在输入的文本上单击，可以将当前输入的文本全部选取。

10.1.2　美术文本转换为段落文本

美术文本输入后，如果想要对美术文本进行段落文本的编辑，可以将美术文本转换为段落文本。使用字"文本工具"在页面中输入美术文本后，单击鼠标右键，在弹出的快捷菜单中选择"转换为段落文本"命令，即可将输入的美术文本转换为段落文本，如图10-9所示。

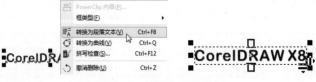

图10-9　转换为段落文本

技 巧

选择美术文本后，执行菜单"文本"/"转换为段落文本"命令，或按Ctrl+F8键，同样可以将美术文本转换为段落文本。

10.2 段落文本

在CorelDRAW X8中，为了能够排列出各种复杂的版面，还设置了段落文本的输入，段落文本应用了排版系统框架的理念，可以将文字框架任意地缩放和移动，并且美术文本和段落文本可以互相转换。

10.2.1 段落文本的输入

段落文本的输入和美术文本的输入基本类似，只要在输入段落文本前画一个段落文本的虚线框，将文字在虚线框内输入即可，使用字"文本工具"，在绘图窗口中按住鼠标并拖曳，在闪烁的光标处输入所需要的文本，此时文本框内输入的文本就为段落文本，如图10-10所示。

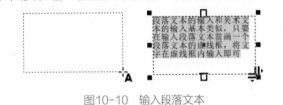

图10-10 输入段落文本

10.2.2 段落文本框的调整

如果创建的段落文本框容纳不下所输入的文本，就可以通过调整段落文本框来解决这一问题。

上机实战 调整段落文本框架

STEP 1 使用字"文本工具"，在工作窗口中按下鼠标并拖曳鼠标创建一个段落文本框，如图10-11所示。

STEP 2 在创建的段落文本框中输入一段文字，如图10-12所示。

STEP 3 此时我们发现输入的文字没有显示完整，可以运用鼠标拖曳段落文本框下方的▼图标，如图10-13所示。

图10-11 创建的段落文本框　　图10-12 输入文本　　图10-13 拖曳按钮

STEP 4 直到▼图标变为□时，表示段落文本框中的文字已经显示完整，如图10-14所示。

STEP 5 使用鼠标拖曳右下角的图标，同样可以等比例调整段落文本框的大小，如图10-15所示。

图10-14 显示完整的段落文本　　图10-15 编辑段落文本

> **技 巧**
>
>   按住Alt键的同时，使用鼠标拖曳右下角的 图标，可以在变换文本框大小的同时变换文字的大小。

10.2.3 隐藏段落文本框

在输入段落文本后，其四周会出现一个虚线的文本框，在排版中会影响版面的美观，只要通过设置其选项就可以将其隐藏。

上机实战 去掉段落文本的文本框

STEP 1 使用 "文本工具" 在绘图窗口中输入一段段落文本，如图10-16所示。

STEP 2 执行菜单 "工具" / "选项" 命令，打开 "选项" 对话框，单击该对话框中的 "段落文本框" 选项，然后取消勾选右侧的 "显示文本框" 复选框，如图10-17所示。

图10-16　输入的段落文本

图10-17　取消勾选复选框

STEP 3 设置完毕后单击 "确定" 按钮，文字四周的虚线文本框已经被隐藏了，效果如图10-18所示。

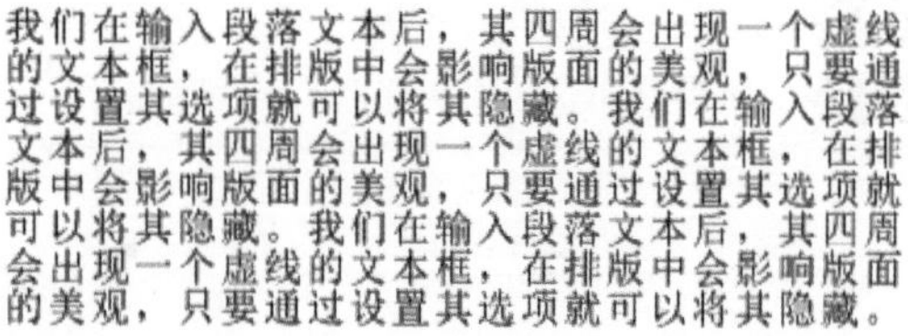

我们在输入段落文本后，其四周会出现一个虚线的文本框，在排版中会影响版面的美观，只要通过设置其选项就可以将其隐藏。我们在输入段落文本后，其四周会出现一个虚线的文本框，在排版中会影响版面的美观，只要通过设置其选项就可以将其隐藏。我们在输入段落文本后，其四周会出现一个虚线的文本框，在排版中会影响版面的美观，只要通过设置其选项就可以将其隐藏。

图10-18　文本框被隐藏后效果

10.2.4 文本框之间的链接

如果在一个段落文本框中的文字没有显示完整，还可以通过框架链接的方法将其完整显示在另一个文本框中。

上机实战 链接段落文本框

STEP 1 创建一个段落文本框，输入一段段落文本，使输入的段落文本在框架中的文字不完全显示，如图10-19所示。

STEP 2 使用 "选择工具" 在段落文本框架下方的 图标上单击鼠标，此时光标形状变为 符号，如图10-20所示。

STEP 3 在页面的适当位置拖曳鼠标创建一个文本框，此时未显示完整的文本已自动流向新的框架，如图10-21所示。

图10-19　不完全显示的段落文本

图10-20 不完全显示的段落文本

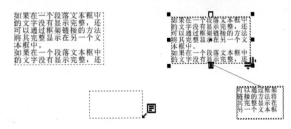

图10-21 文字流向新框架

10.2.5 文本框与路径之间的链接

如果在一个段落文本框中的文字没有显示完整，还可以通过框架与路径链接的方法将其剩余的部分显示在旁边的封闭路径中或开放路径上面。

上机实战 链接段落文本框与闭合路径

STEP 1 创建一个段落文本框，输入一段段落文本，使输入的段落文本在框架中的文字不完全显示，在旁边绘制一个封闭路径，如图10-22所示。

STEP 2 使用 "选择工具" 在段落文本框架下方的 ▣图标上单击鼠标，此时光标形状变为 符号，将光标移动到绘制的封闭路径上，此时光标会变成➡符号，如图10-23所示。

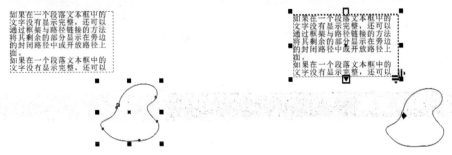

图10-22 段落文本和绘制的封闭路径   图10-23 设置

STEP 3 在封闭的路径中单击鼠标，会将剩余的文本显示在封闭路径中，如图10-24所示。

上机实战 链接段落文本框与开放路径

STEP 1 创建一个段落文本框，输入一段段落文本，使输入的段落文本在框架中的文字不完全显示，在旁边绘制一个开放路径，如图10-25所示。

STEP 2 使用 "选择工具" 在段落文本框架下方的 ▣图标上单击鼠标，此时光标形状变为 符号，将光标移动到绘制的封闭路径上，此时光标会变成➡符号，如图10-26所示。

图10-24 链接框架与封闭路径

STEP 3 在开放的路径中单击鼠标，会将剩余的文本显示在开放路径边缘，如图10-27所示。

图10-25 段落文本和绘制的开放路径   图10-26 设置   图10-27 链接框架与开放路径

技 巧

当文本与开放路径创建链接后，开放路径上的文本就具有了沿路径文字的属性，此时可以按照沿路径文本对其进行设置。

10.2.6 段落文本转换为美术文本

使用字"文本工具"在页面中输入段落文本后，单击鼠标右键，在弹出的快捷菜单中选择"转换为美术字"命令，即可将输入的段落文本转换为美术文本，如图10-28所示。

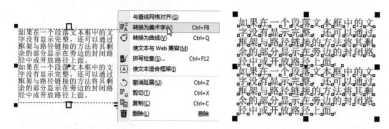

图10-28 转换为美术文本

10.3 导入文本

在CorelDRAW X8中，除了可以输入文本外，还可以将其他软件的文件通过导入的方法将其导入CorelDRAW的绘图窗口中。

10.3.1 从剪贴板中获得文本

CorelDRAW与其他的应用程序类似，它可以通过剪贴板互相交换两个软件间的信息，通过复制Word办公软件内的文字将其粘贴到CorelDRAW绘图窗口中。

上机实战 **将Word中的文本粘贴在绘图窗口中**

STEP 1 打开本书附带的"Word文档.doc"文件，如图10-29所示。

STEP 2 在Word操作窗口内，拖曳鼠标选中一段文本，如图10-30所示。

STEP 3 按Ctrl+C键，将选中的文字复制到Windows剪贴板中。在CorelDRAW X8中使用字"文本工具"在绘图窗口中拖曳鼠标，创建一个段落文本框，如图10-31所示。

STEP 4 按Ctrl+V键，此时会出现如图10-32所示的对话框。选择默认的第一种导入模式。

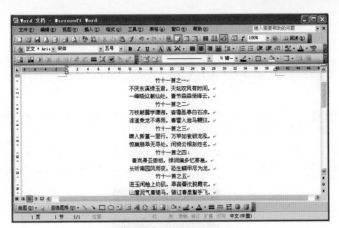

图10-29 打开的Word文档

图10-30 选中的文本

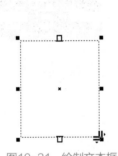

图10-31 绘制文本框

图10-32 出现的对话框

其中的各项含义如下。

★ **"保持字体和格式"**：选择此单选按钮后，文本将以原系统设置样式导入。

★ **"仅保持格式"**：选择此单选按钮后，文本将以原系统的文字字号、当前系统的设置样式进行导入。

★ **"摒弃字体和格式"**：选择此单选按钮后，文本将以当前系统设置样式进行导入。

★ **"强制CMYK黑色"**：勾选该复选框，可以使导入的文本统一为CMYK色彩模式的黑色。

技 巧

如果是在网页中复制的文本，可以直接按Ctrl+V键粘贴到软件的页面中间，并且以软件中设置的样式进行显示。

STEP 5 单击"导入/粘贴文本"对话框中的"确定"按钮，将文字粘贴到段落文本框内，如图10-33所示。

10.3.2 选择性粘贴

选择性粘贴可以设置粘贴内容的格式，可以将复制后的文字以图片的格式粘贴在绘图窗口中，也可以以文字的格式粘贴在绘图窗口中。

图10-33 粘贴的文字

上机实战 **将文本进行选择性粘贴**

STEP 1 打开本书附带的"Word文档.doc"文件。

STEP 2 选中一段需要复制的文字，按Ctrl+C键，将选中的文字复制到Windows剪贴板中，如图10-34所示。

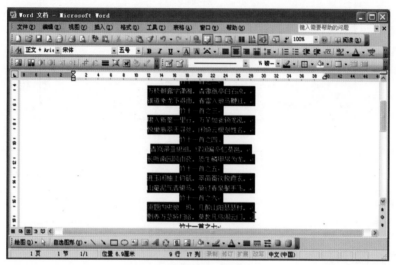

图10-34 选中的文字

STEP 3 在CorelDRAW X8中，执行菜单"编辑"/"选择性粘贴"命令，此时会弹出"选择性粘贴"对话框，让用户选择一种粘贴模式，在此选择其粘贴模式为"文本"，如图10-35所示。

STEP 4 单击"选择性粘贴"对话框中的"确定"按钮，此时文本已被粘贴在CorelDRAW X8的绘图窗口中，如图10-36所示。

图10-35 选择文字粘贴模式

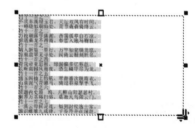

图10-36 粘贴入的文本

10.3.3 导入命令导入文档

文本的导入和图片的导入大致相同，它可以将一个完整的Word文档中的内容全部导入绘图窗口中。

上机实战 **将整个文档导入绘图窗口中**

STEP 1 执行菜单"文件"/"导入"命令，选择本书附带的"Word文档.doc"文件，如图10-37所示。

STEP 2 单击对话框中的"导入"按钮，将文本导入窗口中，如图10-38所示。

图10-37 选择需要导入的文件

图10-38 导入的文本

10.4 文本设置与编辑

在CorelDRAW X8中，无论是美术文本还是段落文本，都可以对其进行文本编辑和属性设置。

10.4.1 使用形状工具调整文本

使用 "形状工具" 选择输入的美术文本后，每个文字左下角处都会出现一个白色小方框，该小方块称为 "字元控制点"，使用鼠标单击或是按住鼠标左键拖动框选这些 "字元控制点"，使其呈黑色选取状态，此时就可以通过属性栏对所选文本进行旋转、缩放和颜色改变等操作，如图10-39所示。

图10-39 调整文字

其中的各项含义如下。

★ ⋈ 0 % ÷ "字符水平偏移"：指定文本字符水平的间距。

★ Y 0 % ÷ "字符垂直偏移"：指定文本字符垂直的间距。

★ 40.0° ÷ "字符角度"：指定文本字符旋转的角度。

★ X² "上标"：将选择的文本字符放置到基线上面。

★ X₂ "下标"：将选择的文本字符放置到基线下面。

★ AB "小型大写字母"：将选择的文本字符应用OpenType版的该设置(如果字体中有该效果)。

★ AB "全大写"：将选择的文本字符中的字母改为大写。

10.4.2 字符设置

在编辑文本的过程中，有时可以根据内容需要为文字添加相应的字符效果，以达到区分、突出文字内容的目的。设置字符效果可通过 "文本属性" 泊坞窗来完成。在属性栏中单击 "文本属性" 按钮，可以打开 "文本属性" 泊坞窗；也可以通过执行菜单 "文本" / "文本属性" 命令，打开 "文本属性" 泊坞窗，如图10-40所示。

其中的各项含义如下。

- **“脚本”：** 在该下拉列表中可以选择要限制的文本类型。

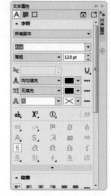

> **技　巧**
>
> 在“脚本”下拉列表中包括“所有脚本”“拉丁文”“亚洲”和“中东”4个选项。选择“拉丁文”时，在“文本属性”泊坞窗中设置的各个选项只能针对选择文本中的英文和数字起作用；选择“亚洲”时，在“文本属性”泊坞窗中设置的各个选项只能针对选择文本中的中文起作用(默认情况下选择“所有脚本”，即对所有选择的全部文本起作用)。

文本属性
字符
所有脚本
Arial
常规
12.0 pt
均匀填充
无填充
段落

图10-40 “文本属性”泊坞窗

- **“字体列表”：** 用来为新文本或选择的文本应用一种理想的文字字体，单击可在下拉列表中显示系统预装的所有字体。
- **“字体样式”：** 用来选择当前文本的字体样式。
- **“字体大小”：** 用来设置当前文本的字体大小。
- **“字距调整范围”：** 扩大或缩小所选范围内单个字符之间的距离。
- **“下画线”：** 为文本添加下画线效果。单击可以在弹出的下拉列表中选择一种下画线样式，然后单击就可以为选择的字符应用，如图10-41所示。

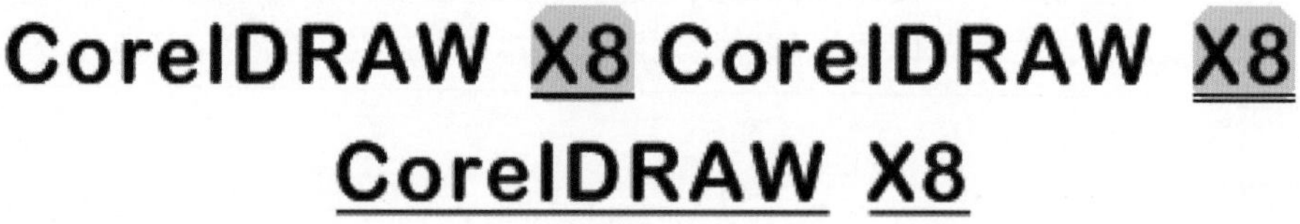

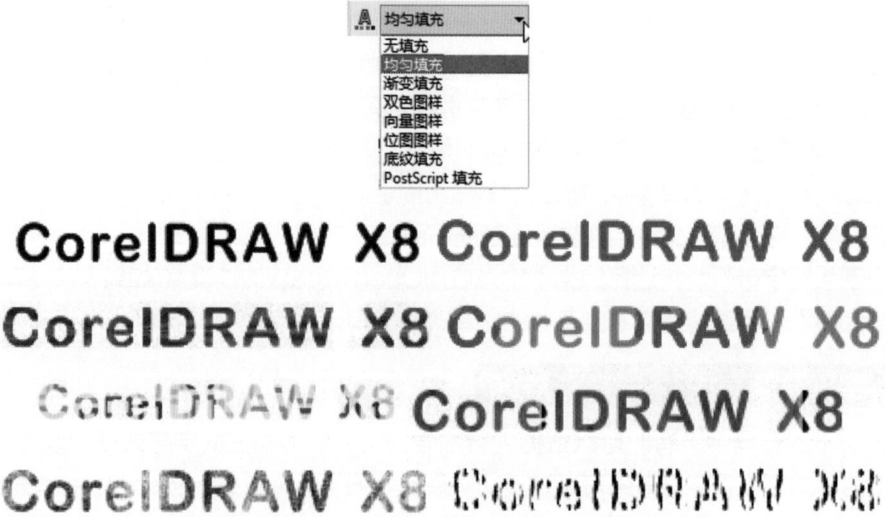

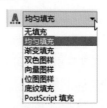

CorelDRAW X8 CorelDRAW X8
CorelDRAW X8

图10-41　下画线

- **“填充类型”：** 用于选择当前文本的填充类型，单击可在下拉列表中选择类型，选择后可以为其填充对应的类型，如图10-42所示。

均匀填充
无填充
均匀填充
渐变填充
双色图样
向量图样
位图图样
底纹填充
PostScript 填充
CorelDRAW X8 CorelDRAW X8
CorelDRAW X8 CorelDRAW X8
CorelDRAW X8 CorelDRAW X8
CorelDRAW X8 CorelDRAW X8

图10-42　填充类型

对文本字符进行填充时，除了使用"文本属性"对其进行设置填充外，还可以通过 ⬦ "交互式填充工具"对其进行精细的填充。

★ 🔲 **"背景填充类型"**：用于设置当前文本字符背景的填充类型，在下拉列表中选择类型后，即可为文本的背景进行填充，如图10-43所示。

图10-43　背景填充类型

对文本应用填充和背景填充后，执行菜单"对象"/"拆分美术字"命令，可以将美术字的每个字符都单独进行填充设置。

★ 🅰 **"轮廓宽度"**：用于设置字符的轮廓宽度，可以在下拉列表中选择系统预设的宽度，也可以在文本框中输入数值。

★ **"轮廓颜色"**：用于设置字符的轮廓颜色。

★ ⋯ **"设置"**：用于设置字符的轮廓、填充和背景填充的相关样式。

★ 🆎 **"大写字母"**：用于改变字母或英文文本为大写字母或小型大写字母。

在CorelDRAW X8中，执行菜单"文本"/"更改大小写"命令，打开"更改大小写"对话框，在该对话框中可以设置文本的大小写。

★ 🆇 **"位置"**：用于设置字符的上标和下标效果。通常应用在某些专业数据的符号中，如图10-44所示。

★ **"其他更多样式"**：字符选项中还提供了其他更多字符效果样式，用于特殊排版需要，如图10-45所示。

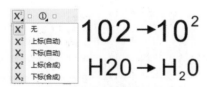

$$102 \rightarrow 10^2$$
$$H20 \rightarrow H_2 0$$

图10-44　位置

图10-45　更多样式

10.4.3 段落设置

在编辑段落文本的过程中，有时可以根据内容需要，为文本添加相应的段落设置，例如文本的对齐、缩进等。在属性栏中单击 🅰 "文本属性"按钮，可以打开"文本属性"泊坞窗，也可以通过执行菜单"文本"/"文本属性"命令，打开"文本属性"泊坞窗，展开"段落"设置面板，如

图10-46所示。

其中的各项含义如下。

★ ▤ **"无水平对齐"**: 使文本不与文本框对齐(该选项为默认选项)。

★ ▥ **"左对齐"**: 使文本与文本框左侧对齐。

★ ▦ **"居中"**: 使文本以文本框左右之间的中间位置对齐。

★ ▦ **"右对齐"**: 使文本与文本框右侧对齐。

★ ▦ **"两端对齐"**: 使文本与文本框两侧对齐,最后一排除外。

图10-46　"文本属性"泊坞窗

> **技 巧**
>
> 设置段落文本的对齐方式为▦"两端对齐"时,如果输入的过程中按Enter键进行换行,则设置该选项后,"文本对齐"为"左对齐"方式。

★ ▦ **"强制两端对齐"**: 使文本与文本框两侧对齐。

★ ⋯ **"调整间距设置"**: 单击此按钮,可以打开"间距设置"对话框,在该对话框中可以进行文本间距的自定义设置,如图10-47所示。

　　★ **"水平对齐"**: 可以在弹出的下拉列表中选择文本的对齐方式。

　　★ **"最大字间距"**: 设置文本的最大间距。

　　★ **"最小字间距"**: 设置文本的最小间距。

　　★ **"最大字符间距"**: 设置单个字符之间的距离。

图10-47　"间距设置"对话框

> **技 巧**
>
> "间距设置"对话框中的"最大字间距""最小字间距"和"最大字符间距",只有在"水平对齐"下拉列表中选择"全部调整"和"强制调整"时才可以被激活。

★ ▤ **"左行缩进"**: 设置段落文本(除首行外)相对于文本框左侧的缩进距离,如图10-48所示。

★ ▤ **"首行缩进"**: 设置段落文本的首行相对于文本框左侧的缩进距离,如图10-49所示。

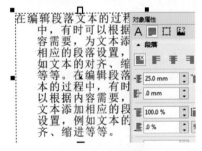

图10-48　左行缩进

图10-49　首行缩进

★ ▤ **"右行缩进"**: 设置段落文本相对于文本框右侧的缩进距离,如图10-50所示。

★ ▤ **"段前间距"**: 指定在段落上方插入的间距值,范围为0%~2000%,如图10-51所示。

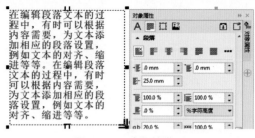

图10-50 右行缩进

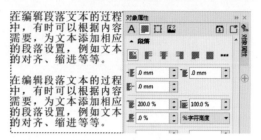

图10-51 段前间距

★ ▤ "**行间距**"：指定段落中各行的间距(行距)值，如图10-52所示。

图10-52 行间距

★ ▤ "**段后间距**"：指定在段落下方插入的间距值，范围为0%~2000%。

★ "**垂直间距单位**"：设置文本间距的度量单位。

★ ⓐⓑ "**字符间距**"：指定一个词中单个文本字符之间的距离。

★ ⓧⓧ "**字间距**"：指定单个字之间的距离。

★ ⓐⓑ "**语言间距**"：控制文档中多语言文本的间距。

10.4.4 使用项目符号

在对段落文本的操作排版中，也可以和其他的排版软件一样为其段落的开头添加项目符号。

上机实战 | **添加项目符号**

STEP 1 在CorelDRAW X8绘图窗口中输入如图10-53所示的段落文本。

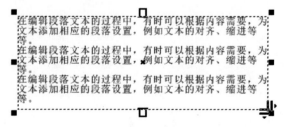

图10-53 输入的段落文本

STEP 2 使用 ▮ "选择工具"选择输入的文字，执行菜单"文本"/"项目符号"命令，打开"项目符号"对话框，勾选"使用项目符号"复选框，如图10-54所示。

STEP 3 在"项目符号"对话框中选择"星形"作为项目符号，设置其大小为20，其他选项采用其默认值，如图10-55所示。

图10-54　勾选复选框

图10-55　设置符号和符号大小

STEP 4 如要看设置完成后的效果，则可以在"项目符号"对话框中勾选"预览"复选框，预览设置后的效果。

STEP 5 感觉效果满意后单击"项目符号"对话框中的"确定"按钮，完成项目符号的添加，效果如图10-56所示。

图10-56　添加项目符号后的效果

10.4.5　设置首字下沉

不仅在Word排版软件中可以设置首字下沉，在CorelDRAW X8中也可以进行首字下沉设置。

上机实战　设置首字下沉

STEP 1 在CorelDRAW绘图窗口中输入一段段落文本。

STEP 2 使用 "选择工具"选择输入的文字，执行菜单"文本"/"首字下沉"命令，打开"首字下沉"对话框，勾选"使用首字下沉"复选框，如图10-57所示。

STEP 3 在"首字下沉"对话框中，设置"下沉行数"为2，如图10-58所示。

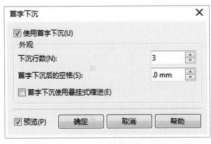

图10-57　勾选复选框

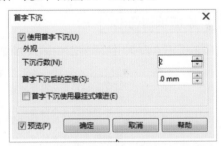

图10-58　设计下沉行数

STEP 4 设置完成后，单击"首字下沉"对话框中的"确定"按钮，文字首字下沉后的效果如图10-59所示。

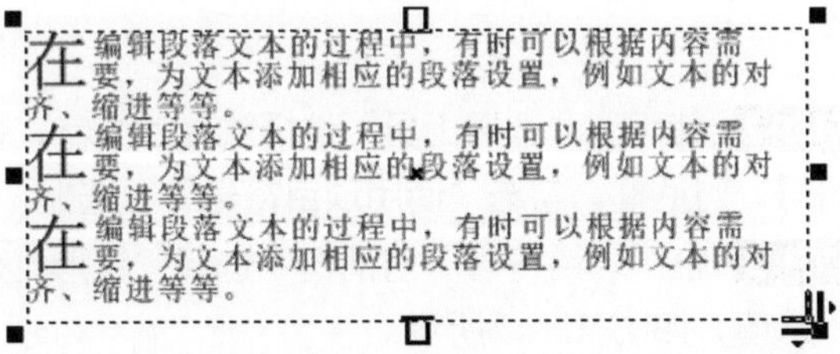

10.4.6　栏

使用"栏"设置可以让输入的段落文本进行分栏处理，以达到版面排列的要求。

图10-59　文字首字下沉效果

上机实战　**将文本分栏**

STEP 1 在绘图窗口中输入一段段落文本。

STEP 2 使用 "选择工具" 选择输入的文字，执行菜单 "文本" / "栏" 命令，打开 "栏设置" 对话框，在该对话框中设置其分栏的栏数为2，如图10-60所示。

STEP 3 设置完成后，单击 "栏设置" 对话框中的 "确定" 按钮，文字分栏后的效果如图10-61所示。

图10-60　"栏设置" 对话框

图10-61　文字分栏后效果

10.4.7　断行规则

执行菜单 "文本" / "断行规则" 命令，打开 "亚洲断行规则" 对话框，如图10-62所示。其中的各项含义如下。

图10-62　"亚洲断行规则" 对话框

★ **"前导字符"：** 确保不会在列表中的任何字符前面断行 (指的是那些不能出现在行尾的字符)。

★ **"下随字符"：** 确保不会在列表中的任何字符后面断行(是指不能出现在行首的字符)。

★ **"字符溢值"：** 确保允许列表中的字符延伸到行的页边距之外 (是指不能换行的字符，文字可以延伸到右侧页边距或者是底部页边距文本框之外)。

技 巧

必须在操作系统上安装亚洲文本支持功能才能查看 "亚洲断行规则" 对话框。

10.4.8　字体乐园

"字体乐园" 泊坞窗引入了一种更易于浏览、体验和选择最合适字体的方法，还可以访问受支持字体的高级OpenType功能，执行菜单 "文本" / "字体乐园" 命令，打开 "字体乐园" 泊坞窗，如图10-63所示。

其中的各项含义如下。

★ **"字体列表"：** 在该下拉列表中可以选择需要的文本字体。

★ **"单行"：** 单击此按钮，可以在 "字体乐园" 泊坞窗中以单行文字字体进行显示，如图10-64所示。

★ ▤ "**多行**"：单击此按钮，可以在"字体乐园"泊坞窗中以一段文字字体进行显示，如图10-65所示。

★ ▤ "**瀑布式**"：单击此按钮，可以在"字体乐园"泊坞窗中以从小到大逐渐变大显示字体，如图10-66所示。

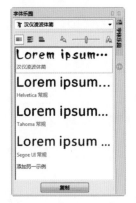

图10-63　"字体乐园"对话框　　图10-64　单行　　　　图10-65　多行　　　　图10-66　瀑布式

10.5　文本与路径相适应

在CorelDRAW X8中，还可以将文字沿路径排列，使文字出现更多的外观变化。

10.5.1　在路径上输入文字

在CorelDRAW X8中绘制一个开放或封闭路径后，选择字"文本工具"，将光标拖曳到路径上，当光标右下角出现~时，输入的文字就会沿路径形状排列。

上机实战　在路径上直接输入文字

STEP 1 使用工具箱中的 ⌇ "贝塞尔工具"，在工作窗口中绘制一条如图10-67所示的曲线。

STEP 2 使绘制的曲线处于被选中状态，选择字"文本工具"，将光标移动至绘制的路径上，此时光标变为如图10-68所示的形状。

图10-67　绘制的曲线　　　　　　　　　　　　图10-68　鼠标的形状

STEP 3 在曲线上单击鼠标，此时在曲线上会出现一个闪烁的光标，如图10-69所示。

STEP 4 在闪烁光标处输入文字，效果如图10-70所示。

图10-69　出现的闪烁光标　　　　　　　　　　图10-70　输入的文字

10.5.2 使文字适合路径

在CorelDRAW X8中绘制一条曲线，再输入美术文本，执行菜单"文本"/"使文本适合路径"命令，通过光标位置调整沿路径的文字。

上机实战 通过鼠标使文字适合路径

STEP 1 使用 字 "文本工具"在绘图窗口中输入文字"想学习CorelDRAW X8"，如图10-71所示。

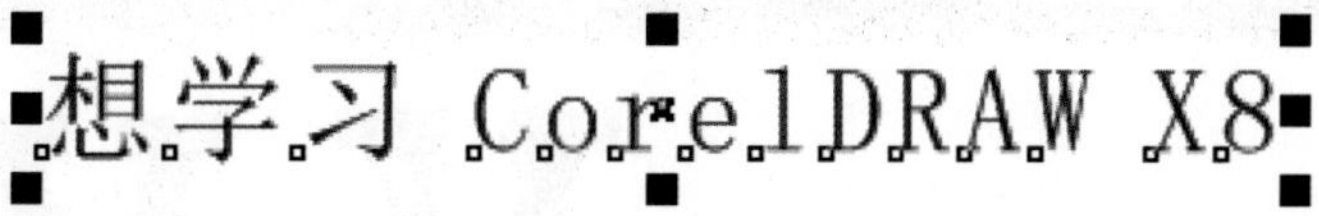

图10-71 输入的文字

STEP 2 使用 "贝塞尔工具"绘制一条如图10-72所示的曲线。

STEP 3 使用 "选择工具"，选中步骤1中输入的文字，然后执行菜单"文本"/"使文本适合路径"命令，此时光标变为 形状。

图10-72 绘制的曲线

STEP 4 将光标移动至步骤2绘制的曲线上，此时文字会出现预览效果，如图10-73所示。

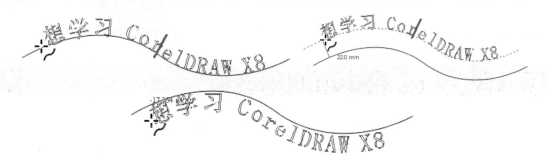

图10-73 文字预览效果

STEP 5 如对预览效果满意后，在曲线上单击鼠标，此时文字会随曲线的弧度而变化，如图10-74所示。

10.5.3 通过鼠标右键制作依附路径

在CorelDRAW X8中，选择文本后，按下鼠标右键将文本拖曳到路径上，当光标变为 ⊕ 形状时松开鼠标，在弹出的快捷菜单中选择"使文本适合路径"命令，可以将文本依附到路径上，如图10-75所示。

图10-74 文字效果

技 巧

沿路径排列后的文本仍具有文本的基本属性，可以添加或删除文字，也可以更改文字的字体和字体大小等属性。

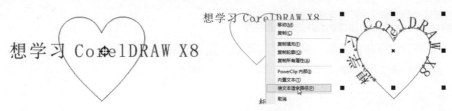

图10-75　右键依附路径

| 10.6　文字转换为曲线 🔍 ➡

选择文字后，执行菜单"对象"/"转换为曲线"命令，即可将当前选择的文字转换为曲线。文本转换为曲线后，文字在外形上和没转换前没有区别，其属性却发生了本质的变化，不再具有任何文本属性，而具有了曲线的属性，将文本转换为曲线后，可以运用工具箱中的 "形状工具"将转换为曲线的文字进行调整，如图10-76所示。

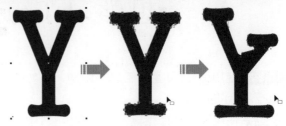

图10-76　调整转曲后的文字

由于本书的篇幅所限，关于文字和表格的其他内容以电子书的形式呈现，大家可以扫描右侧的二维码打开电子书进行学习。

| 10.7　练习与习题 🔍 ➡

1. 练习

(1) 练习使用艺术笔描边路径的方法。

(2) 为自己制作一张个性名片。

2. 习题

(1) 右图为输入完毕且处于选中状态的文字，由图可判断它属于？（　　）

    A. 美术字

    B. 段落文字

    C. 既不是美术字，也不是段落文字

    D. 可能是美术字，也可能是段落文字

(2) 在右图中是选中对象的状态，这说明？（　　）

    A. 在其他的文本框中有链接的文本

    B. 在这个文本框中还有没展开的文字

    C. 这个已经不是文字，而被转换为曲线了

    D. 只是表示当前这个文本块被选中，没有其他含义

第 11 章

综合实例

前面几章对CorelDRAW X8的各个知识点进行了学习,下面就运用 CorelDRAW X8软件的工具和功能来制作一些综合实例,其中包括制作Logo、制作UI标识、制作UI、制作特效字等。由于篇幅所限,本章的实例只介绍技术要点和简单的制作流程,具体的操作步骤可以根据本书附带的教学视频来学习,后面的几个实例扫描二维码可以打开相应的电子书。

| 11.1 制作 Logo

实例效果图	技术要点
	★ 绘制椭圆 ★ 填充渐变色 ★ 转换为曲线 ★ 调整形状 ★ 移除前面的对象 ★ 简化对象

制作流程:

STEP 1 新建文档,绘制椭圆,填充椭圆形渐变色。

STEP 2 转换为曲线,使用形状工具调整椭圆形状。

STEP 3 输入英文字母。

STEP 4 拆分文字后，移动单个字母的位置。

STEP 5 将文字移动到调整后的椭圆上面。

STEP 6 框选文字和椭圆，应用"移除前面的对象"命令。

STEP 9 在文字上面绘制封闭曲线，应用"简化"命令修整文本。

STEP 7 复制一个副本，将后面的对象填充黑色。

STEP 8 输入文字，复制副本填充线性渐变色。

STEP 10 去掉曲线，完成本例的制作。

▎11.2 制作 UI 标识

实例效果图	技术要点
	✸ 使用矩形工具绘制圆角矩形
	✸ 填充渐变色
	✸ 使用调和工具添加调和效果
	✸ 添加渐变透明效果
	✸ 添加阴影
	✸ 交互式网状填充
	✸ 插入字符

制作流程：

STEP 1 新建文档，绘制圆角矩形，填充椭圆形渐变色，复制圆角矩形，缩小后调整渐变色。

STEP 2 使用调和工具将两个圆角矩形进行调和。

STEP 3 绘制白色正圆，添加阴影，绘制正圆轮廓，之后将其转换为对象。

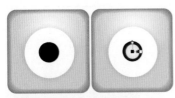

STEP 4 绘制一个黑色正圆，为其应用椭圆形透明度效果。

STEP 5 复制正圆，将圆环放大。

STEP 6 将外面的圆环填充渐变色，在中心绘制一个正圆。

STEP 7 进行网状填充并调整颜色。

STEP 8 插入字符，调整不透明度。

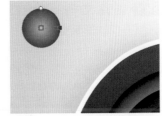

STEP 9 绘制正圆，填充渐变色。

STEP 10 绘制曲线，应用透明度效果。

STEP 11 绘制圆角矩形，填充线性渐变色后，再应用线性透明度。

STEP 12 绘制矩形，填充渐变色将其作为背景，至此本例制作完毕。

| 11.3　制作 UI

实例效果图	技术要点
	✹　矩形工具 ✹　椭圆形工具 ✹　钢笔工具 ✹　透明度工具 ✹　阴影工具

制作流程：

STEP 1 新建文档，绘制矩形，填充椭圆形渐变色。

STEP 2 绘制封闭形状，填充深灰色后，应用透明度工具并调整透明效果。

STEP 3 绘制青色正圆。

STEP 4 绘制圆环，转换为对象后添加投影效果。

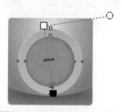

STEP 5 复制圆环，添加白色轮廓后，应用透明度工具调整透明度。

STEP 6 绘制正圆，添加投影，复制正圆，填充白色轮廓，应用透明度工具设置透明度。

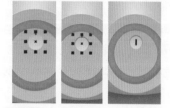

STEP 7 绘制正圆，复制并去掉填充，设置深灰色轮廓后，应用透明度工具设置透明度，再绘制黑色矩形。

STEP 8 复制图形，调整变形。

STEP 9 绘制白色矩形，旋转复制一周，应用透明度工具调整透明度。

STEP 10 为后面的圆角矩形添加一个阴影。

STEP 11 绘制矩形，填充PostScript螺旋，将其作为背景，至此本例制作完毕。

| 11.4 制作特效字

实例效果图	技术要点
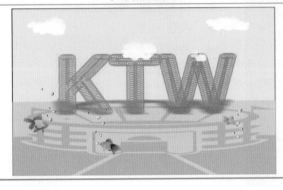	★ 椭圆形工具 ★ 转换为对象 ★ 调和工具 ★ 阴影工具 ★ 艺术笔工具 ★ 插入字符 ★ 透明度工具

制作流程：

STEP 1 新建空白文档，绘制两个圆环并将其转换为对象，将两个圆环进行调和处理。

STEP 2 输入文字，只保留轮廓，选择调和后的对象，在属性栏中选择"新路径"按钮，将光标移动到文字上。

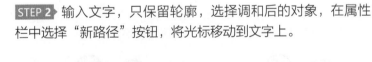

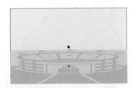

STEP 3 设置沿全路径调和，设置"步长"值为500。

STEP 4 去掉轮廓。

STEP 5 绘制一个建筑图形，插入字符中，选择该图形，调整透明度。

STEP 7 使用艺术笔工具绘制金鱼、云彩。

STEP 8 将调和后的对象移动到背景中，为其添加阴影，至此本例制作完毕。

| 11.5 绘制捣蛋猪

实例效果图	技术要点
	✹ 导入素材 ✹ 绘制正圆，转换为曲线 ✹ 调整曲线 ✹ 合并命令 ✹ 将轮廓转换为对象 ✹ 钢笔工具 ✹ 调整顺序 ✹ 阴影工具

制作流程：

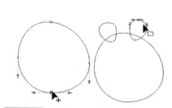

STEP 1 新建文档，绘制正圆，转换为曲线后调整形状。

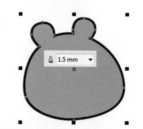

STEP 2 应用"合并"命令，设置轮廓宽度。

STEP 3 将轮廓转换为对象，调整位置。

STEP 4 绘制正圆，转换为曲线，调整形状。

STEP 5 绘制眼睛图形。

STEP 6 绘制眉毛和脸上的雀斑图形。

STEP 7 绘制嘴巴和牙齿图形。

STEP 8 绘制鼻子和鼻孔图形。

STEP 9 导入背景素材，为捣蛋猪添加阴影，完成本例的制作。

11.6 制作夜晚创意插画

实例效果图	技术要点
	★ 渐变填充 ★ 调整透明度 ★ 合并模式 ★ 描摹位图 ★ 添加阴影

11.7 制作三折页

实例效果图	技术要点
	★ 整体进行折页，布局分成左、中、右三个部分 ★ 绘制整体背景 ★ 移入素材，绘制图形 ★ 输入文字，调整布局位置 ★ 置于图文框内部

CorelDRAW X8 平面设计与制作教程

11.8　制作书籍装帧插画 →

实例效果图	技术要点
	✹ 绘制矩形，填充底纹 ✹ 填充渐变透明 ✹ 导入素材 ✹ 复制并翻转 ✹ 艺术笔描边 ✹ 拆分艺术笔

11.9　制作网店首屏广告 →

实例效果图	技术要点
	✹ 填充制作背景 ✹ 置于图文框内部 ✹ 轮廓图工具 ✹ 调和工具

11.10　制作演唱会广告 →

实例效果图	技术要点
	✹ 渐变填充 ✹ 转换为矢量图 ✹ 输入文字 ✹ 调整透明度